U0074884

3

巴第市系列

怪客入侵大作戰

—人體城市的交通中心—

心臟・神經・肌肉

顧問 張金堅

作者 施賢琴、張馨文、羅國盛
徐明洸、林伯儒、蘇大成、吳明修
何子昌、陳羿貞、王莉芳、蔡宜蓉

插圖 蔡兆倫、黃美玉

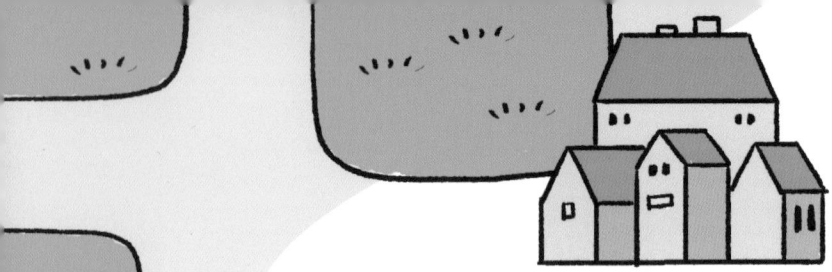

目錄

04 企畫緣起
透過城市故事，認識自己的身體

06 推薦序
用巴第市為孩子種下健康的第一桶金

07 推薦序
此生必遊的人體城市 ——「巴第市」

09 第一章
巴第市的親善大使 —— 紅血球與氧氣輸送

17 第二章
工作大寶典 —— 動脈、靜脈和微血管

25 第三章
超級ＰＫ賽 —— 心臟構造

33 第四章
金頭腦選拔賽 —— 血液循環系統

41 第五章
捉鬼總動員 —— 心臟瓣膜

第六章
小小兵秀身手 —— 血小板的凝血功能

第七章
姊妹市的募款活動 —— 神經系統

第八章
城市觀察報告 —— 肌肉與運動

第九章
歡樂猜謎大會 —— 骨骼的數量

第十章
怪客入侵大作戰 —— 淋巴系統

第十一章
巴第市的誕生 —— 細胞的各種類型

第十二章
最熱門的暢銷書 —— 健康生活的好習慣

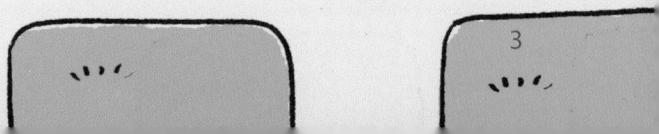

企畫緣起

透過城市故事，認識自己的身體

我們都知道，身體各器官、組織都有特定的構造和功能，對小朋友來說，雖然在學校課堂上有相關課程，但往往一知半解，無法真正了解人體的全貌。

為了幫助小朋友認識自己的身體，建立正確的健康管理觀念，我們認為有必要推出一套有關健康知識系列的書籍，向小朋友解說人體的構造和功能。於是，由我邀集臺大醫院多位主治醫師，聯合執筆，從各自專精的醫學領域向小朋友解說身體各部位。同時，也邀請到兒童廣播節目資深主持人施賢琴小姐、張馨文小姐和羅國盛先生一起合作，經過大家多次會議討論，共同創造了「巴第市」這個城市故事。

「巴第」與英文「body」同音，意謂人體有如城市，各有不同部門和系統，彼此既分工又合作，讓整個城市運作正常。全書從器官談起，再談到負責輸送血液的心血管系統，以及呼吸、消化、免疫和神經系統等，都用最淺顯易懂的文字詳細描述，並透過巴第市生動的市政運作故事比擬解說，像是巴市長、大腦市政府、白血球警察、細菌怪客、眼睛觀測站和腎臟環保回收場等，對照豐富翔實的圖畫，使小朋友很容易閱讀和了解。

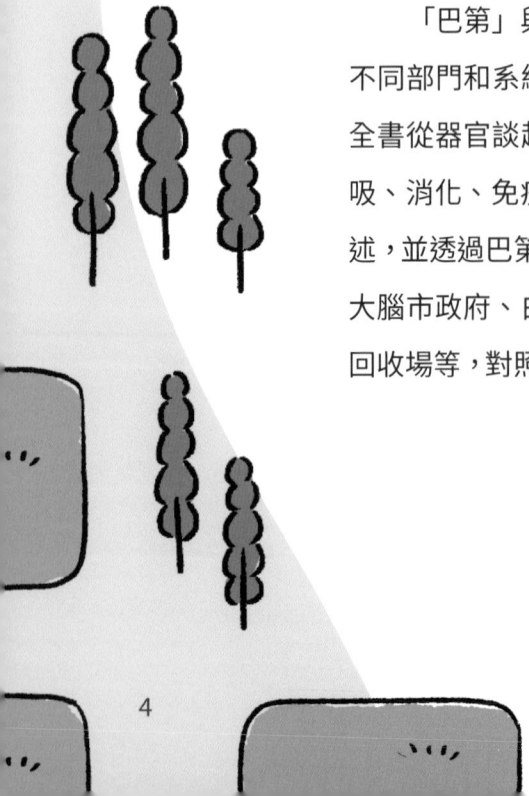

巴第市系列共有三冊，分別探討人體運作的三大系統。第一冊談人體的調節中心，解說大腦、五官和皮膚等；第二冊談人體的營運中心，介紹口腔、消化和排泄，幫助小朋友理解食物由口腔進入，到消化、排泄的過程；第三冊談人體的交通中心，也就是心臟、神經和肌肉，介紹輸送血液的血管、傳導訊息的神經和負責人體運動的肌肉等。

透過系統性的介紹，讓小朋友對自己的身體有全面性的認識和了解，也體會到身體的各個器官或組織，能夠互相協調，完成各項生理功能以維繫個體的生命，非常奧妙與偉大；也對造物者所做的每項精心安排，感到非常敬佩。

這套書能夠順利出版，感謝八位醫生的大力幫忙，他們在行醫忙碌之餘，還抽空執筆，真是難能可貴。另外，感謝製作兒童健康節目非常有經驗的施賢琴小姐創意撰稿，使內容更加生動活潑，以及張至寧小姐的企畫統籌。希望小朋友看了這套書，除了了解人體的奧祕外，也更懂得珍惜自己的生命。

顧問 **張金堅**

臺灣大學醫學院榮譽教授
乳癌防治基金會董事長

推薦序

用巴第市為孩子種下健康的第一桶金

長年在國小任教，「健康教育」是我非常重視的科目，尤其孩子的視力、牙齒和姿勢等，小小改變大大不同。姿勢不良，導致近視視差嚴重，後來引發頭痛等，健康不過關，學習處處是困難，怎麼學習？

但長期的教學也發現，一味的禁止、責罵、提醒，效果有限，而最有用的則是引發孩子興趣，了解身體脈絡，知道後果影響，從根本做起，讓孩子了解自己的身體、知道運轉機制進而好好使用身體、清潔、保護，才是長遠之道。

欣見親子天下出版的「巴第市系列」，將整個人體比喻成一個城市系統，大腦當「市長」、五官是「雷達和塔臺」、白血球是「警察」等，用生動有趣，一看即理解的比喻，讓孩子從熟悉的舊經驗，馬上可以理解個的器官、系統功用，在三集書籍中，36 個有趣的故事，在人體遨遊，還自然而然達成科學探索、科普閱讀。

讀完這個系列，除了對於主要器官有大概認識。孩子最常見的嘴破、齲齒、肚子痛、拉肚子、消化不良、飲食均衡、正常定量細菌、運動的議題探索，也都容納其中。更值得讚賞的是，這套書是由國內專科醫師和兒童節目主持人主筆，橫跨臺大醫院婦產部、內科部、眼科部、牙科部、皮膚部、小兒部等 8 位不同專業的主治醫師撰稿，不僅專業，也沒有名詞銜接等問題。

健康第一，讓孩子平安健康是父母第一的想望，那麼從這套書認識、學習身體運作開始，從小就用知識為孩子種下健康的第一桶金吧！

文 **林怡辰**

資深國小教師、教育部 101 年度閱讀磐石個人獎得主

推薦序

此生必遊的人體城市——「巴第市」

你覺得全球最值得造訪的城市是哪一個？是浪漫之都「巴」黎，還是藝術聖地「巴」塞隆納？它們都是不容錯過的城市，但由金鐘獎兒童節目主持人與臺大醫院群醫所建構的巴第市，更是此生必遊的城市。

「巴第市」(body 諧音) 如同臺北市共分 12 個行政區，由巴市長領著大腦市政府與心臟血管區、呼吸區、上消化區等……12 區的行政團隊，積極營造出一個「健康・活力」的城市。

在首集中，你可以進入城市的**「調節中心」**，了解大腦、五官、皮膚這個戰無不克的團隊專業與精密的分工，以及每個工作站的結構與工作模式。第二集則帶領你暢遊**「營運中心」**，遊覽口腔、消化、排泄等園區，參觀號稱「6 公尺」長的小腸營養物流中心，聽聽他們招募不到新員工的苦楚，也可幫助巴市長揪出「細菌怪客」的祕密基地，遏止它們破壞城市的野心。若想熟悉城市的**「交通中心」**，步入第三集，就能認識心臟、神經、肌肉合作無間的供應與傳輸系統，一睹長達 10 到 15 萬公里的血管運河；一探心臟與肺臟這場「金頭腦」之爭的來龍去脈。

在「巴第市」你可以藉由情節起伏的故事，鉅細靡遺的了解「body」這個城市；藉助精細的解析圖與插圖透視人體的結構與運作；閱讀「巴第市的旅遊指南」獲得實用的保健守則與營養常識；更能在「小學生市政信箱」中一窺孩子們對於健康的迷思或是似是而非的保健常識，順道聽一聽「巴市長」專業與睿智的回覆。

文 **廖淑霞**

私立再興小學研究教師

歡迎光臨
巴第市！

第一章

巴第市的親善大使

紅血球與氧氣輸送

值日醫生：蘇大成叔叔

「到底誰是巴第市的親善大使？」這個議題在其他人體城市引起熱烈討論。巴第市和樂融融的氣氛，是不少城市研究的重點，一個城市想達到這樣的目標，一位稱職的親善大使，絕對少不了。

「哈！怎麼可能會是我！」當大家紛紛揣測答案是巴市長時，他卻猛搖頭。原來，巴第市的親善大使另有其人，他就是掌管紅血球輸送船的紅老闆。

紅血球輸送船在全市分送氧氣。當它從肺臟空氣處理中心獲得氧氣後，便利用血管運河在巴第市各處穿梭運送，提供各單位工

作的需要。同時，紅血球輸送船也會將各器官部門運作後產生的廢物如二氧化碳，帶回肺臟空氣處理中心，再經由呼吸區排出巴第市。正常的情況下，一座人體城市內擁有許多艘紅血球輸送船，每一艘的造形都是中間凹、邊緣厚，彈性佳的圓盤型，這樣的造形也讓載送氧氣的功能發揮最大效益。

由於紅血球輸送船在巴第市內各器官部門運送氧氣，二十四小時不停工，而且工作配合度超高，因此，紅老闆和大家建立了不錯

的關係。當糾紛發生時，紅老闆也總是自告奮勇擔任調停的工作，所以，選派巴第市的親善大使時，他當然是不二人選。

最近不知道什麼緣故，市民的工作效率不像以往亮眼。身為巴第市的親善大使，向來笑臉迎人的紅老闆也變得眉頭深鎖。

「發生什麼事？」在巴市長的追問之下，才知道

原來心臟能源傳送中心和肺臟空氣處理中心，對於紅老闆團隊近日的工作效率不大滿意。

「唉！我們盡力了！輸送船的數量不足，也沒辦法呀！」紅老闆無奈的說。

由於紅血球輸送船的數量不足，導致心臟能源傳送中心和肺臟空氣處理中心得加倍工作，以免無法運送足夠的氧氣到巴第市各處。如果巴第市的氧氣量不足，輕則市民的工作效率不彰，重則全市都將陷入危機。

一般來說，紅血球輸送船的工作期限只有 120 天，每天都會有新的紅血球輸送船來汰換舊的輸送船，應該不至於發生數量不足的情況。

於是，巴市長展開地毯式調查，結果發現流經胃食物加工廠的血管運河有受損，使得運河上的部分紅血球輸送船也因此流失。一段時間下來，紅血球輸送船的數量就出現不足的情況了。

「不能再這麼下去！」巴市長立刻下令處理血管運河破損的危機，同時也要求口腔食物進口中心加強運送製造紅血球輸送船的原料——肉類、紅黃色蔬菜和紅色水果等含鐵質的食物，儘快補足輸送船的數量。

於是，紅老闆又恢復了以往的笑容。身為親善大使，除了協助大夥兒和睦相處外，讓巴第市重新恢復活力，也是目前重要的工作目標呢！

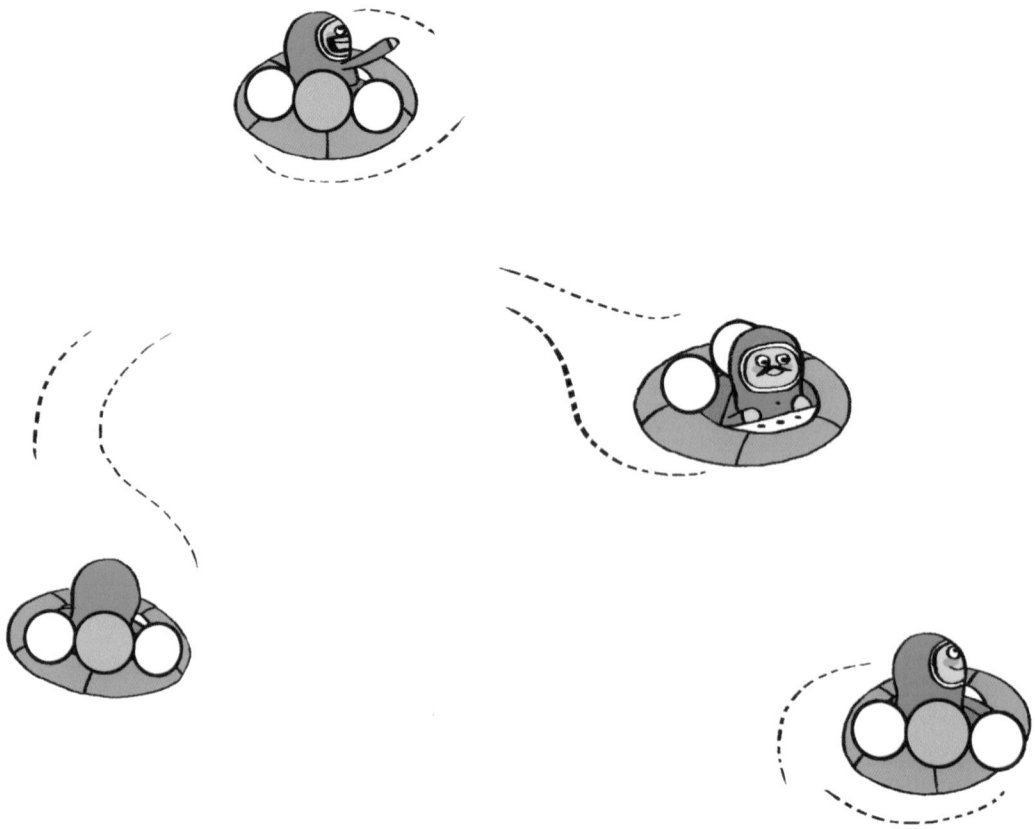

紅血球輸送船是血管運河上主要的交通工具，請問安全性高嗎？

請放心！我們有最嚴格的品管和淘汰機制，輸送船不足時，我們還會尋求支援，補足數量，所以絕對不會發生超載的情況。

紅血球輸送船的大力丸

1 肉類：牛肉、豬肉等。

2 紅色和黃色蔬菜：紅豆、紅莧菜、紅鳳菜、南瓜、金針等。

3 紅色水果：葡萄、櫻桃、草莓等。

嚴格把關 安全無虞，Happy Body Go Go Go

親愛的巴市長：
您好！我是小勇士阿康，我覺得平常流點血，沒什麼大不了，不過，聽說流太多血，對生命會有威脅。請問身體流多少血，才會有危險呢？

阿康：

流點血的確對身體不會造成大影響，不過，如果大量失血，那情況可不同了。血液的總量，大約占人體重的 1/13，以一個 40 公斤的小朋友而言，大約有 3 公斤到 4 公斤的血液量，人體可以允許 15%到 30%的血液流失，如果超過這個數量，就可能導致休克，甚至有生命危險。

如果是慢性出血，慢慢補充水分和營養，可以讓身體製造血液，補足不夠的血量。但是，如果是急性出血，就需要立即輸血，以免失血過多，造成危險。輸血時，以輸全血為優先考量，因為其中包含所有的營養成分。所謂全血，就是捐血者直接捐的血，沒有經過任何處理。

通常，捐血中心所儲存的血，經過一段時間後，會被分類以利長期保存。工作人員會將血液分為濃縮紅血球、濃縮血小板和冷凍血漿。這些經過分類的血液，在使用時，會視病人的情況而決定。

阿康，身為一名小勇士，不僅要有勇氣，也要有保護自己的智慧，千萬別讓自己輕易受傷流血喔！

不輕易讓自己流血的巴市長　敬上

第二章

工作大寶典

動脈、靜脈和微血管

值日醫生：徐明洸叔叔

經過好幾個夜晚的挑燈夜戰，阿強祕書終於完成巴市長交付的任務。「《工作大寶典》絕對能讓器官部門的運作及協調更順暢！」

為了讓工作人員彼此溝通無誤，巴市長要阿強祕書整理各器官的工作項目。當大夥兒收到《工作大寶典》後，興奮的

翻閱，許多不為人知的小祕密也正式曝光。

其中，最令人感興趣的，就是血液系統的祕密。由於市民們對於分送氧氣的紅血球輸送船跑遍整座巴第市，卻從來不曾發生過迷路的狀況相當好奇，透過《工作大寶典》，紅血球輸送船不會走錯路的祕密終於揭曉了。

紅血球輸送船透過血管運河走遍巴第市的大小角落。如果將所有的血管運河連結起來，長度可達 10 到 15 萬公里。這些血管運河

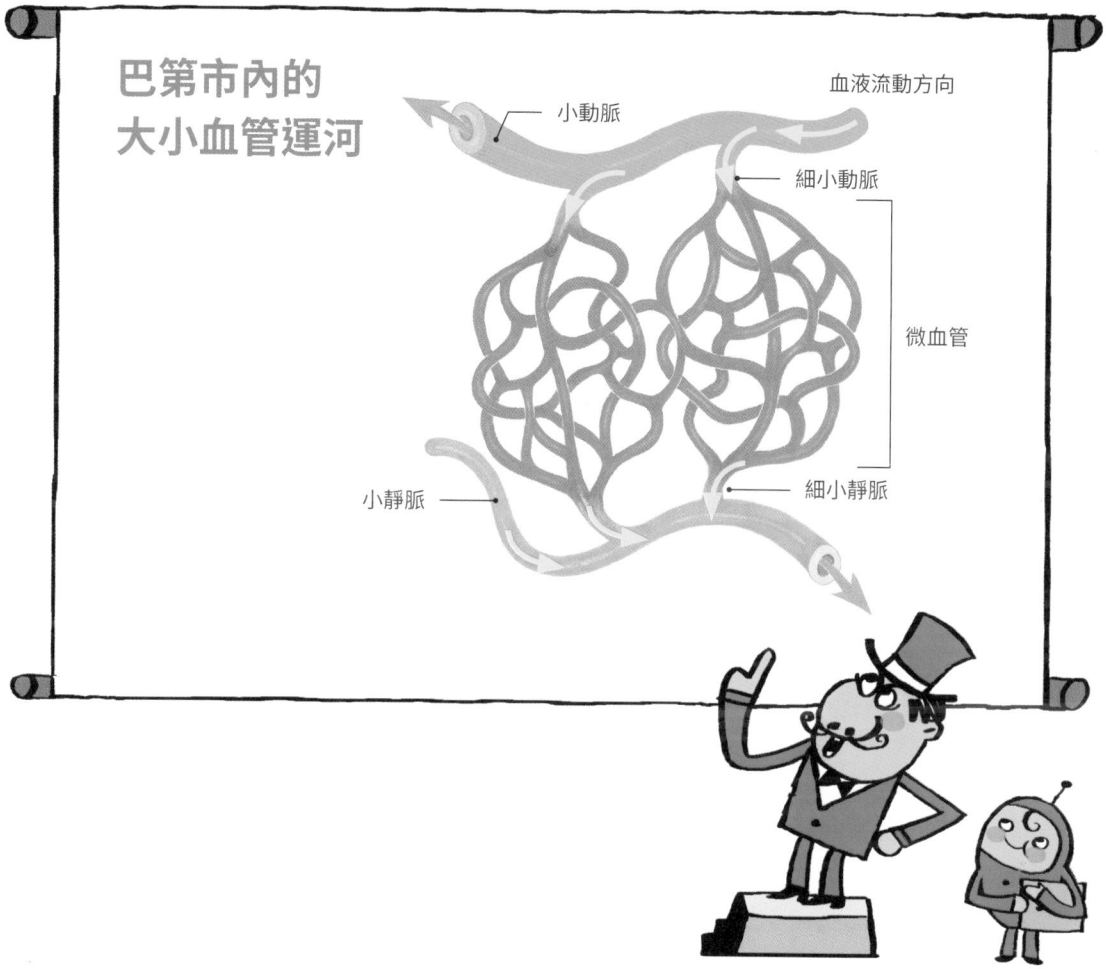

獎狀

依照功能和大小，分別稱為動脈、靜脈和微血管。「心臟能源傳送中心」24 小時強而有力的運作，是紅血球輸送船能順利工作的幕後推手。

從心臟能源傳送中心出發的血管運河稱為「動脈」，由於血液河水的流量較大，承受的壓力也較大，所以，河道較寬廣，建築材料也較有彈性且強韌。至於由巴第市各處流回心臟能源傳送中心的血管運河則是靜脈，由於血流的壓力小，因此運河建材也比較薄。至於血液河水為什麼會乖乖的流回心臟呢？這是因為靜脈有許多關卡，稱為「靜脈竇」，可以讓血液無法逆流。另外，距離大腦市政府較遠的小腿肚區，靠著肌肉的收縮作用，也會讓血液河水能回流到心臟能源傳送中心。

巴第市內的養分、氣體和廢物全有賴血管運河的運送。當巴第市市內氧氣量不足時，心臟能源傳送中心會加強運作，增加血液河水的行進速度，好讓紅血球輸送船能儘快前往有需要的工作部門，補足所需的氧氣量。

《工作大寶典》一推出後，大獲好評，不少人體城市紛紛來信詢問巴市長，該如何編寫。巴市長相當讚許阿強祕書這回的表現，本來，他計畫送個大獎勵給阿強祕書的，不料，突然接到來自姊妹市的緊急電報，獎勵被迫暫時延後。

「口腔食物進口中心即日起請減少脂肪類食物的進口數量，小心麻煩找上門！」簡短的幾個字，搞得巴市長心神不寧。「難道……有細菌怪客潛伏在其中嗎？」

為了搞清楚電報的真正含意，阿強祕書接下了調查的工作，查證後，才發現根本沒什麼細菌怪客，全是因為姊妹市搜尋到一份珍貴的資料，所以才會有這封善意的提醒。

原來，過多的脂肪類食物容易造成血管運河硬化或阻塞。這麼一來，血管運河的河道就會變窄，養分、氣體和廢物的運送就無法順利進行，許多器官部門的運作也會因此受到影響。

「我們真該感謝姊妹市的用心！」除了姊妹市市長熱心的態度讓巴市長感動外，阿強祕書任勞任怨的工作態度，也讓巴市長頻頻讚許，現在，是獎勵的好時機了。

「阿強祕書是最優秀的左右手！」亮澄澄的獎牌，斗大的幾個字讓阿強祕書備感光榮。其實，能擁有這麼傑出的助手，巴市長也是既開心又榮耀呢！

謹守原則不犯規　開心旅遊樂加倍，Happy Body Go Go Go

親愛的巴市長：
您好！我是喜歡追根究柢的阿奇，有人打針時會找不到血管，是不是因為他的血管太細的緣故？請問，人體的血管和水管一樣有大小的分別嗎？

阿奇：

你的推斷很正常喔！通常打針找不到血管，原因之一就是血管太細、分布太廣。人體的血管主要分為動脈、靜脈和微血管三種。動脈接受心臟輸出的大量血液，所以管壁很強韌。在構造上，一般動脈管壁可分為內、中、外三層。內層主要是內皮細胞，保護血液能夠平穩的在血管內流動；中層是血管肌肉、彈性纖維和神經纖維，負責調控血管的擴張、收縮和維持血管的強度；外層則是負責保護血管及對外聯絡的組織。

至於血管有多粗呢？分布到器官的動脈，直徑大約是 0.3 公厘到 1 公分，相當於細鉛筆心的粗細到小朋友小指頭的寬度。而連接動脈和靜脈的微血管的直徑更小，大約是 8 到 10 微米（1 微米相當於 0.0001 公分），只有在顯微鏡下才看得到喔！

微血管的管壁很薄，某些微血管甚至只有一層內皮細胞，直徑只比一個紅血球大一些，所以一次只能允許一個紅血球通過。就是如此精細的設計，氧氣才能被送到各器官組織，同時被充分利用。

阿奇，請繼續保持大膽推理，小心求證的態度，相信你一定會發現許多生活中的小祕密！

知道超多祕密的巴市長　敬上

第三章

超級ＰＫ賽

心臟構造

值日醫生：蘇大成叔叔

「請接受我們的挑戰！」望著桌上的卡片，巴市長陷入沉思。

巴第市優異的表現是許多人體城市追逐的目標，「如果能擊敗巴第市，那將會是多麼大的光榮啊！」這是大家共同的心願。最近，巴第市接到來自鄰近人體城市的戰帖，他們希望和巴第市比一比城市的機動力。

「要比就比，誰怕誰啊！」阿強祕書充滿鬥志的說。

為了保持好名聲，巴市長最後決定接受挑戰。不過，面對耗時耗力的機動力競賽，巴市長有些擔心心臟能源傳送中心無法及時運送足量的氧氣。

「請放心！我們沒問題的！」工作人員拍胸脯保證，巴市長這才放寬了心。

氧氣是各個器官部門運作的重要元素，心臟能源傳送中心藉由

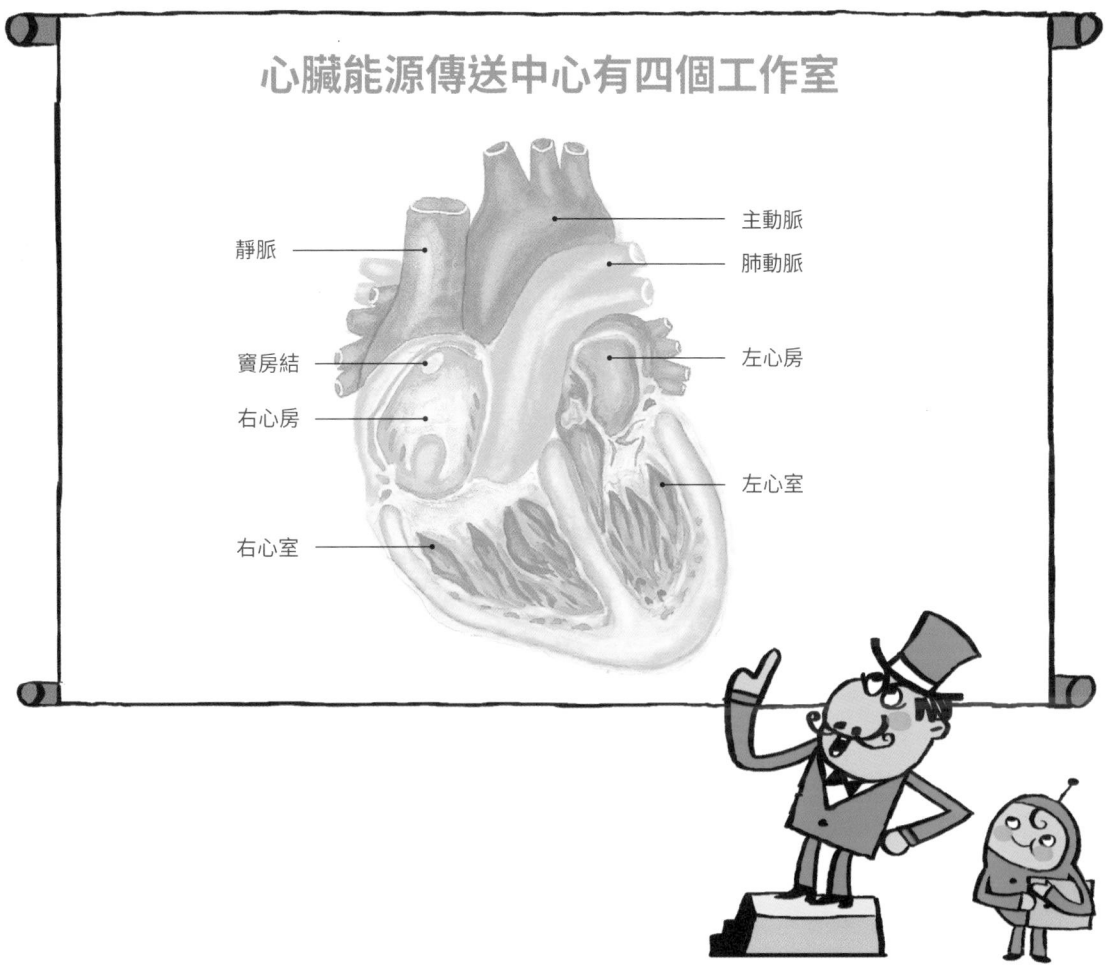

紅血球輸送船，將氧氣送到巴第市各處，一旦產生問題，城市將陷入極危險狀態。所以，心臟能源傳送中心日日夜夜、分分秒秒不停工。

心臟能源傳送中心有四個工作室，分別是左心房、左心室、右心房、右心室。當巴第市需要更多血液和氧氣時，心臟能源傳送中心就會加速運作；而當血液和氧氣的需要量減少時，心臟能源傳送中心的工作速率也會減緩。

為了有好表現，市民們練習再練習，同時，巴市長也請口腔食物進口中心加強運送營養食品。所有的努力，全是為了維護巴第市的好聲譽。

「奇怪，比賽還沒開始，心臟能源傳送中心怎麼就調快氧氣運送的速度呢？」比賽前一天，掌管紅血球輸送船的紅老闆察覺到心臟能源傳送中心有異常狀況。這個發現非同小可，巴市長立刻下令調查。

位在右心房的「竇房結」，是控制心臟能源傳送中心規律運作的節拍器。當它下達規律運作的指令後，心房會以「收縮方式」運作，之後，指令會再傳到左心室和右心室，這兩個工作室收到指令後，同樣會以「收縮方式」運作。當指令的傳導過程出現問題，心臟能源傳送中心就會出現運作速率過快或過慢的不規律情況。此外，如果過多的藥物、咖啡或茶等食物送進口腔食物進口中心，也可能改變

心臟能源傳送中心工作的速率。

「這個緊要關頭，千萬不能有問題！」巴市長內心不停禱告。還好，調查結果顯示，心臟能源傳送中心一切正常，問題出在口腔食物進口中心送入的大量咖啡。

原來，大嘴站長想藉咖啡提振市民的精神，沒想到弄巧成拙，反而造成恐慌。「算了！沒事就好，準備明天的挑戰吧！」巴市長知道大嘴站長是一番好意，所以也不忍心苛責。

就在市民養精蓄銳備戰時，卻傳出挑戰城市遭受細菌怪客攻擊的消息。「看來，只好擇期再比賽了！」

雖然這回沒機會展現訓練的成果，不過，密集訓練讓各個器官部門更團結，協調度更高，也算是豐碩的收穫呢！

巴第市旅遊指南

巴第市為什麼不能24小時開放參觀？

當然不行，我們可不想過勞！雖然巴第市有幾個部門是24小時工作，但大部分還是需要適當休息的。

二十四小時工作的部門

1 心臟

2 肺臟

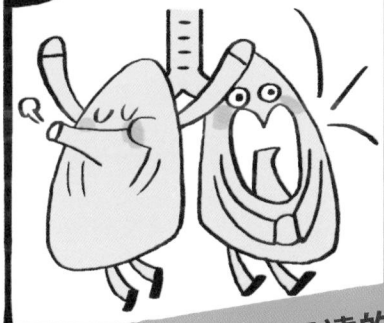

休息是為了走更長遠的路，Happy Body Go Go Go

親愛的巴市長：
您好！我是超愛跑步的小明，每回跑完步，我總是氣喘吁吁，請問為什麼會這樣？是不是我的心臟有問題？

愛跑步的小明：

別緊張！你的心臟很正常，不只是你，大部分的人運動後，呼吸都會變得急促，而且還會明顯感到心跳變快了。

心跳變快是因為運動時，人體需要消耗大量的氧氣和養分，排出二氧化碳和代謝物，因此，心臟的血液輸出量會增加，以便有更多的血液來運送氧氣，並把細胞組織產生的二氧化碳和代謝物等廢物帶走。於是心跳的次數就會變多，血壓也會上升，以促進身體的新陳代謝。

但是在睡覺時，由於身體處於休息的狀態，新陳代謝率降低，心臟血液的輸出量減少，相對的，心跳就會變慢，血壓也會降低了！

小明，喜歡運動是一件好事，要繼續保持這個好習慣，別忘了也可以找爸爸、媽媽、同學一起去跑步喔！

希望大家都愛運動的巴市長　敬上

第四章

金頭腦選拔賽

血液循環系統

值日醫生：蘇大成叔叔

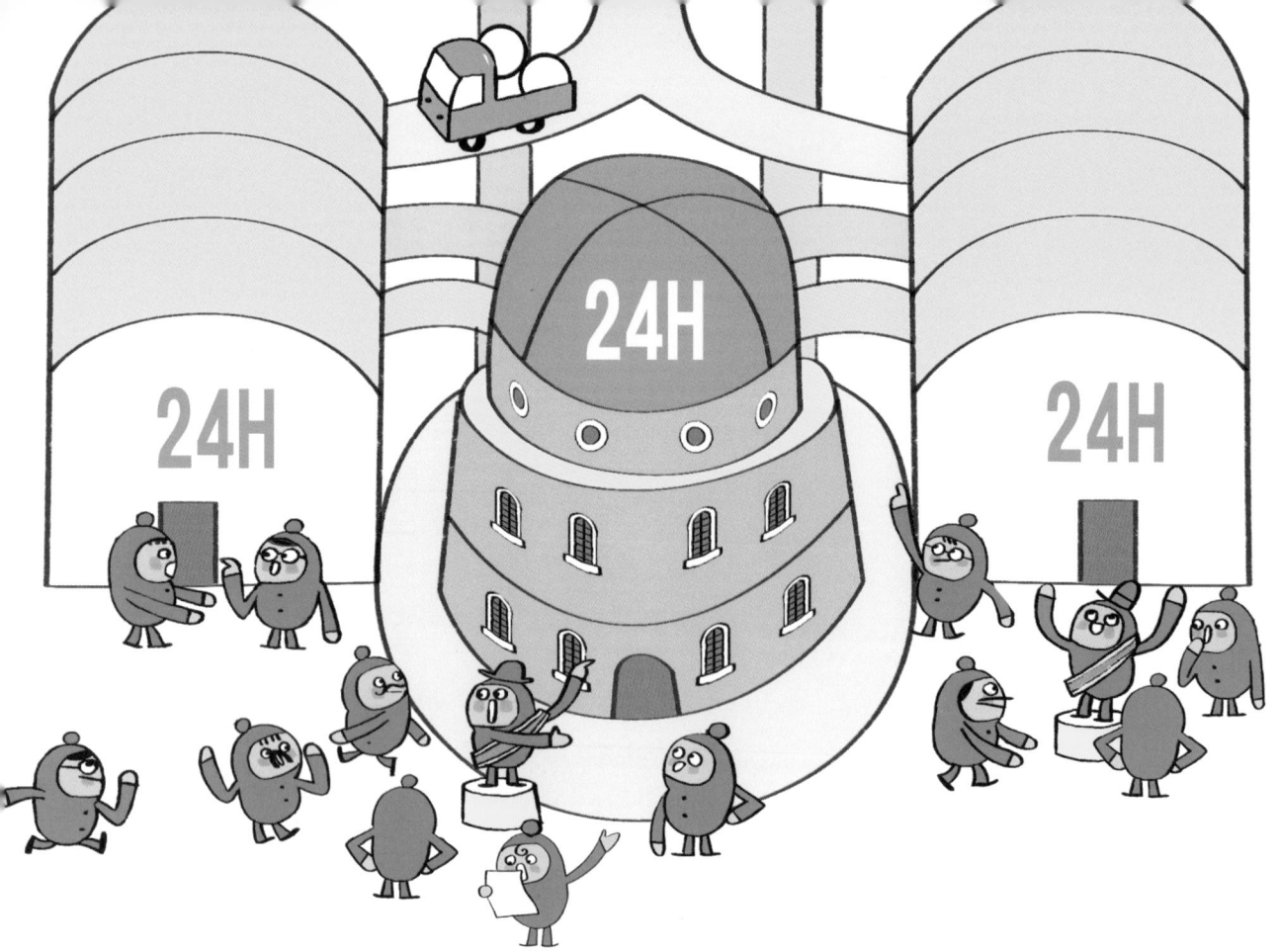

一年一度的「金頭腦」選拔賽開跑囉！

每年此時，巴第市的市民全引頸期盼，準備迎接新的「金頭腦」得主。能獲選為「金頭腦」的器官部門，不僅工作表現優異，連管理功力也得一級棒才行！今年有兩組器官部門報名角逐，分別是心臟能源傳送中心和肺臟空氣處理中心。

「這兩組參賽者都是 24 小時不停工，工作表現沒話說，不過，誰的管理能力比較好呢？」對於今年獎落誰家，各式各樣的預測紛紛出爐，不過，不到最後關頭，誰是贏家，沒人敢確定。

為了爭取更多的選票，兩個部門的工作人員每天拚命的拉票，雖然各有擁護者，但卻有更多市民不知道該如何投下神聖的一票。

「唉……該怎麼辦呢？」巴市長苦惱著該如何協助市民們做出正確的抉擇，「只有澈底的了解，才不會糊塗投錯票！」阿強祕書一語驚醒夢中人，巴市長決定辦一場說明會，好讓大家對這兩組參選者有更多的認識。

想登上「金頭腦」寶座，首要條件就是要擁有靈活和清晰的管理能力。「肺臟空氣處理中心負責全市的氣體交換，這麼困難的工作，沒有兩把刷子，根本就寸步難行！」「不！說到工作的困難度，心臟能源傳送中心的任務可複雜多了！」心臟能源傳送中心的工作人員，不甘示弱的反駁肺臟空氣處理中心的說法，兩組人馬就這麼一來一往的脣槍舌劍。

血管運河是人體城市非常重要的交通運輸系統。巴第市所需的養分和氧氣，全經由血管運河中的血液河水，不間斷的循環運送，運作才能正常進行。心臟能源傳送中心就是這項循環系統不停工的幕後功臣。

血液河水循環系統可分為兩條循環路線，分別稱為「體循環」和「肺循環」。體循環的循環路線，是在心臟能源傳送中心和其他部門之間。血液河水從心臟能源傳送中心的工作室「左心房」出發，攜帶了氧氣和養分後，逐一流向「左心室」、「主動脈」、「動脈」、「小動脈」和「微血管」，遍布全市各處。

同時，血液河水也把全市各處的二氧化碳、廢物和養分，帶回小靜脈、大靜脈、心臟能源傳送中心的右心房、右心室，最後回到肺臟空氣處理中心的肺動脈。

這時，血液河水的另一條循環路線「肺循環」便啟動了。肺循環的循環路線，是在心臟能源傳送中心和肺臟空氣處理中心之間。血液河水在全市各處載滿二氧化碳、廢物和養分後，最後回到肺臟空氣處理中心，進行氣體交換工作，也就是卸除二氧化碳和廢物，承載氧氣。

之後，充滿大量氧氣和養分的血液河水，便再從肺臟空氣處理中心的肺靜脈，流入心臟能源傳送中心的左心房，開始另一回新的

體循環。

原來五五波的戰況，在說明會後有了顯著的改變。心臟能源傳送中心有條不紊的管理能力，讓市民們鼓掌叫好。看來，在工作複雜度和管理能力上，心臟能源傳送中心略勝一籌呢！

最後不出所料，心臟能源傳送中心果然奪下了今年「金頭腦」的殊榮。

「真不公平，我們工作表現也不差呀！」肺臟空氣處理中心的工作人員對於投票的結果不太甘心。不過，巴市長諄諄告誡市民，對於任何結果都該保有君子風度，他勉勵肺臟空氣處理中心的工作人員明年再接再厲，捲土重來，展現運動家不服輸的精神！

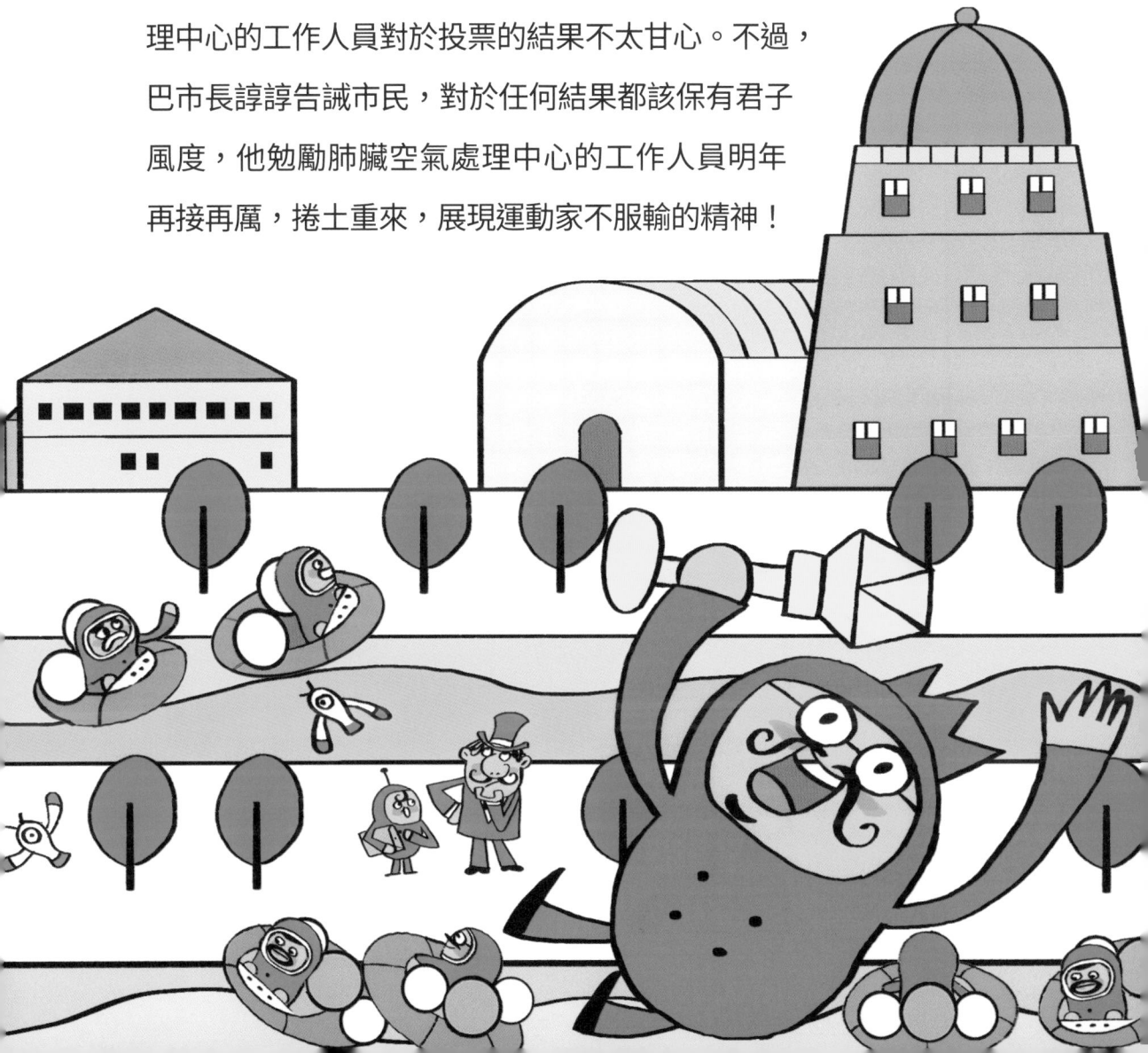

人體城市的運輸系統

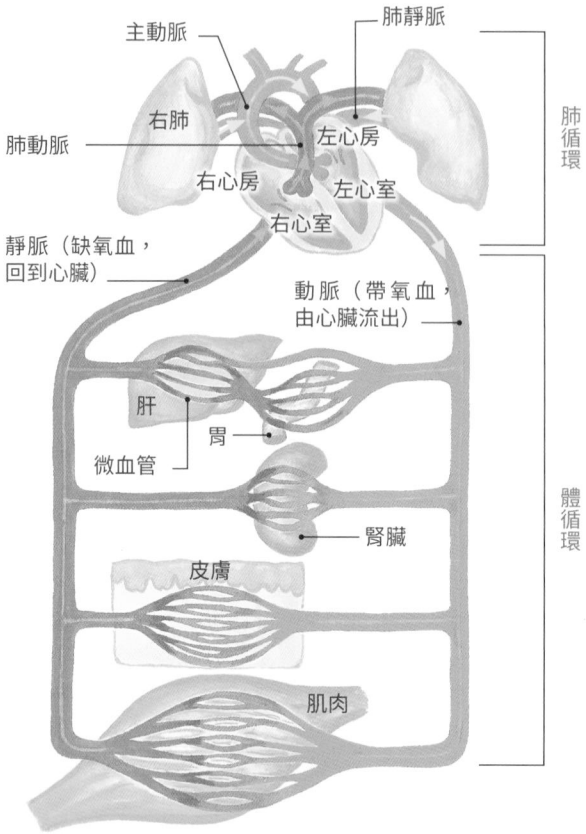

血液循環可分為兩條路線。「肺循環」的循環路線，是缺氧的血液從全身各處回到肺臟後，進行氣體交換，獲得氣氣，最後流入心臟的左心房。「體循環」則是帶氧的血液由左心房出發，流向左心室，再遍布全身。

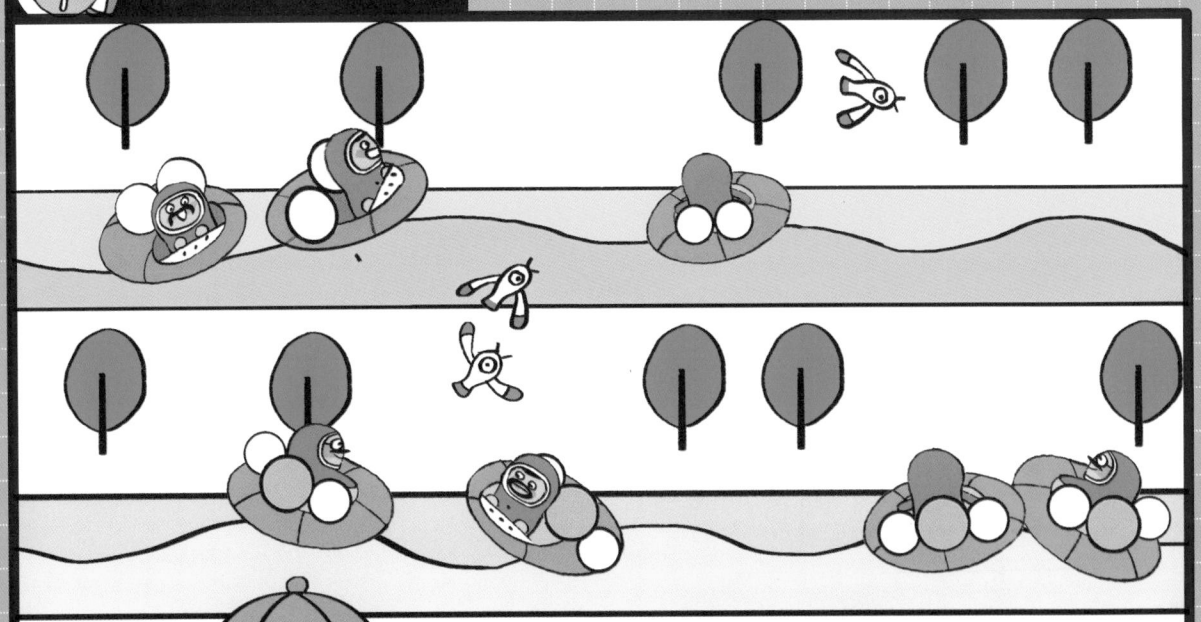

請問血管運河上，有什麼必拍的景象？

呵……這個問題問我就對了！兩種不同顏色的血液河水，是血管運河上最大的奇觀，不拍太可惜囉！

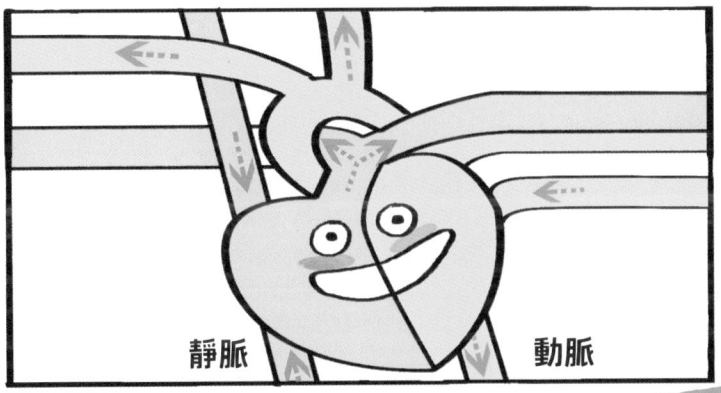

特色奇景　拍照別錯過，Happy Body Go Go Go

親愛的巴市長：
您好！我是個子嬌小的圓圓，請問，身高不高的人，血管的長度是不是會比較短？人體內的血管加起來到底有多長？

個子嬌小的圓圓：

相信你一定知道人體全身的血管包括了動脈、靜脈和微血管，這些血管長度加起來大約有 96,000 公里長，可以繞地球兩圈半，很驚人吧！其中加起來長度最長的血管要算是微血管了，因為它遍布全身各器官，包括皮膚表面都有無數的微血管。微血管的管徑非常小，直徑只有 5 到 20 微米（1 微米相當於 0.0001 公分）。

人體的血管長度也和身高體重有關。越高越重的小朋友，全身的血管就越長，個子不高的人，血管長度相對來說也比較短。

雖然個子小，血管短，但人小志氣高，只要認真努力，一定也能做出了不起的大事喔！

永遠有志氣的巴市長　敬上

第五章

捉鬼總動員

心臟瓣膜

值日醫生：蘇大成叔叔

自從開設了市長信箱後，每天收到的信件就如同潮水般湧進。「真沒想到，大家對市政有這麼多的建議和疑問！」為了處理市民們的問題，巴市長每天得晚兩個小時下班。當初為了加強與市民互動，設立了巴市長信箱，雖然工作量大增，但巴市長非常珍惜這個難得的交流機會。

「為什麼心臟能源傳送中心工作時老是製造噪音？快被吵死了！」「能不能請能源傳送中心安靜一點？」接二連三針對心臟能源傳送中心的抱怨信，引起了巴市長的重視。

而心臟能源傳送中心面對大家的指責，也覺得十分委屈，因此，巴市長決定挺身而出，為心臟能源傳送中心說句公道話。

心臟能源傳送中心有四個相連的工作室，分別是左心房、左心室、右心房、右心室，而心房的位置在心室的上方。

當心房和心室進行「收縮」工作時，血液河水就會從心房流向心室，再繼續流向巴第市各部門，將氧氣和養分傳送出去。而在心房和心室之間設有一個閘門，稱為「瓣膜」，當血液河水從心房流

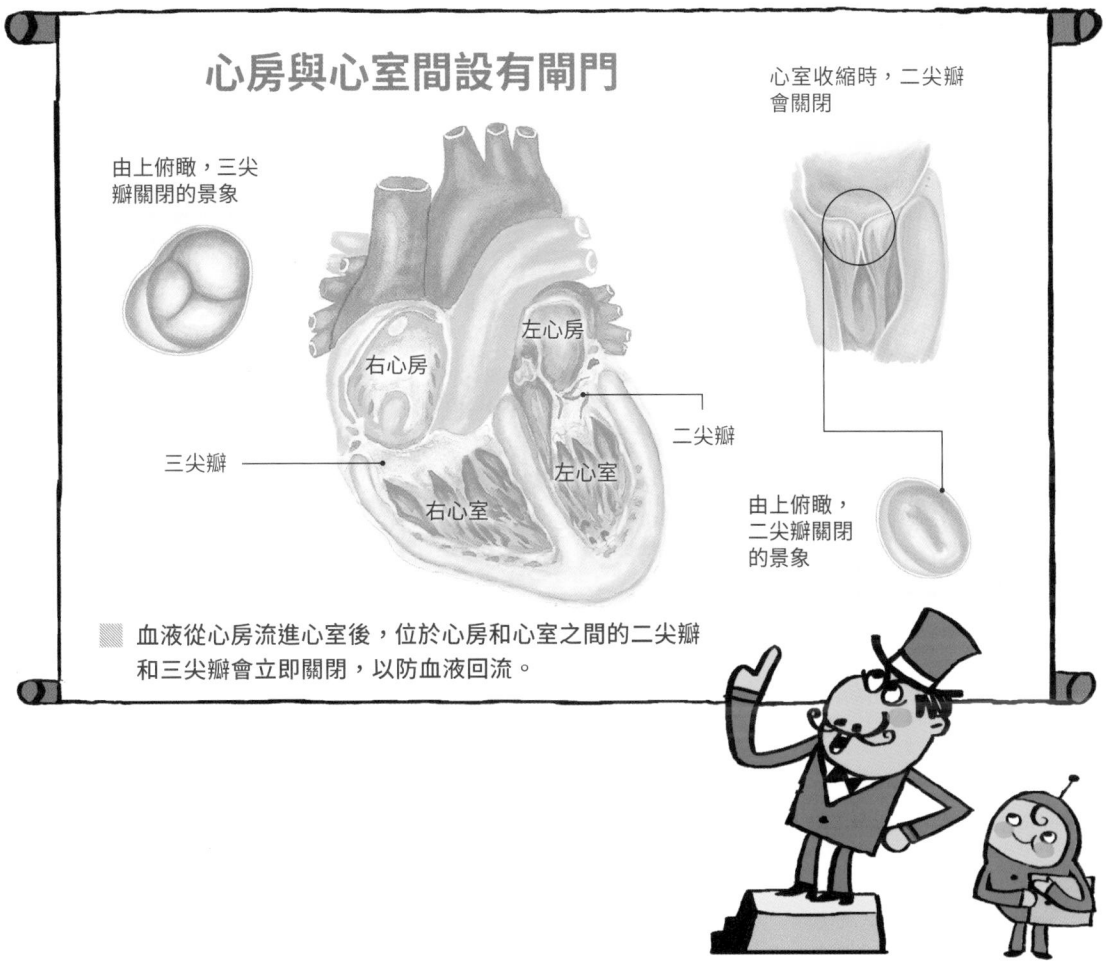

進心室後，瓣膜就會立即關閉，避免血液河水從心室回流，無法達成任務。

位於左心房和左心室之間的瓣膜，稱為「二尖瓣」；在右心房和右心室之間的瓣膜，稱為「三尖瓣」。心臟能源傳送中心工作時所發出的噗通噗通聲，就是瓣膜開開關關的聲音。

原來，大家都誤會心臟能源傳送中心了，運作時發出聲音全是不得已的。「就把那規則的聲音，當成是巴第市能正常運作的幸福之聲吧！」為了巴第市能正常運作，大家只好睜一隻眼，閉一隻眼，多多忍耐了。

市民的誤會剛釐清，姊妹市的心臟能源傳送中心竟然出現了不明的聲響。「該不會又是誤會一場吧？」巴市長心裡猜測，不過，姊妹市的市長卻斬釘截鐵的表示，那聲音絕不是正常工作時產生的。由於一直找不出原因，所以，姊妹市鬧鬼的傳聞已經傳遍各個人體城市。

「這怎麼可能？我們得幫姊妹市搞清楚這件事！」巴市長和阿強祕書決定成立抓「鬼」

肺動脈
肺靜脈
主動脈

大隊，看看到底是誰在裝神弄鬼。

經過幾天的觀察，姊妹市的能源傳送中心果然有雜音傳出，但是半個鬼影也沒瞧見。整起事件陷入膠著，為了突破僵局，巴市長建議姊妹市澈底檢查心臟能源傳送中心。

「啊！我們終於找到是誰在裝神弄鬼了！」看到檢查報告，巴市長像尋獲寶物一樣大叫。

心臟能源傳送中心進行收縮工作時，瓣膜會交替開關，如果應該關閉時沒關緊，造成血液回流；或是應該開啟時無法全開而過於狹窄，加速血流速度，就會出現雜音。

這回的鬧鬼風波，全起因於心臟能源傳送中心的二尖瓣關閉時稍有不完全的緣故。

「全市加強定期運動及維持規律作息，同時聘請維修心臟能源傳送中心的專家，進行評估處理，應該就能放心了！」巴市長的建議果然奏效。沒多久，姊妹市的心臟能源傳送中心的雜音就不再造成困擾了。不過，以後還是得定期檢查才能夠安心。

雖然這回抓鬼大隊立了大功，不過，巴市長和阿強祕書可不想再接任何新任務，因為才幾天的時間，市民信件快塞爆市長信箱了，現在巴市長得熬夜加班，才能回覆完堆積如山的信件呢！

如果想送一份好禮給心臟能源傳送中心，應該送什麼？

謝謝你的體貼！好心食物加上好心情，心臟能源傳送中心就能快樂長久的工作。

該送什麼好禮？

1 櫻桃、薏仁、芹菜、海帶等的「好心食物」

2 炸雞、可樂

3 菸、酒

答案：1

送對禮心情好，Happy Body Go Go Go

親愛的巴市長：
您好！大家都叫我緊張大師，我的心臟常常會怦怦跳，請問，是太緊張？還是我的心臟出了問題呢？

緊張大師：

通常人們不會感覺到自己的心臟跳動，但如果常明顯感到心臟跳動，可能就是心臟出毛病了。例如，心臟怦怦跳得很快（如心悸），或是跳得過慢、跳得不規則等，都會產生不舒服的感覺。

造成這些狀況的少部分原因是心肌缺氧或是無力，大部分原因則是心律不整或是心臟瓣膜異常。

當心臟進行收縮時，介於心房和心室之間的瓣膜（二尖瓣和三尖瓣）就會交替開關。但是，如果二尖瓣脫垂（瓣膜稍寬稍長），無法關緊，或是二尖瓣和三尖瓣狹窄，血液通過困難，心臟就會出現雜音，導致心臟過度負荷，而使人感到心悸或是胸悶。

除此之外，熬夜、咖啡喝太多、菸吸太多、酗酒，或是血壓高沒有控制等，都會使心臟出現不舒服的症狀。簡單來說，平常心臟跳動時，我們是不會有感覺的；但是，當心臟出現毛病時，是會向主人提出抗議的。

心臟怦怦跳不是正常現象，要快去看醫生，這可不是過度緊張喔！

總是從容不迫的巴市長　敬上

第六章

小小兵秀身手

血小板的凝血功能

值日醫生：蘇大成叔叔

「身材沒人家高大……功能沒別人重要……英勇事蹟也比大家少……」

這幾天，血小板修護大隊籠罩著一片低氣壓，白血球警察和紅血球輸送船是這起事件的始作俑者。倒不是他們做了不該做的事，而是他們做了太多了不起的大事，像是英勇擊退細菌怪客、擔任巴第市的親善大使等。同屬血液系統的一分子，血小板修護大隊的工作人員覺得自己只是一個小小兵。

血小板修護大隊的任務

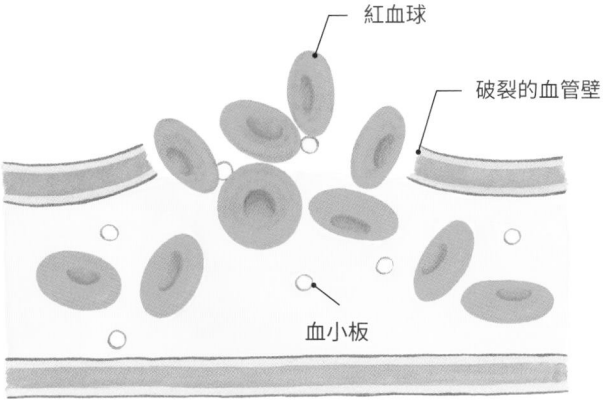

破裂時，紅血球流出。

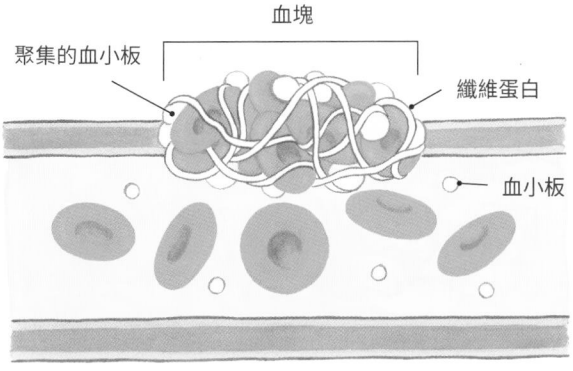

血小板在極短時間內聚集，加上纖維蛋白的幫助，將紅血球和白血球纏繞起來，可形成血塊，以堵住破裂的血管壁。

血小板修護大隊的個頭很嬌小，只有紅血球輸送船的 1/3。此外，他們平常做的事少，所以認為自己對巴第市的貢獻不大。

但是，真實的情況並非如此。雖然血小板修護大隊沒有紅血球輸送船忙碌，也沒有白血球警察英勇，但是，當血管運河潰堤時，就是他們大顯身手的機會了。因為，一旦血液河水大量流失，造成水位下降，紅血球輸送船就會偏離航道而損失，另外，利用血液運河執行巡查業務的白血球警察也會損失部分成員。到時，城市的運

作就會停止呢！所以，如果人體城市少了血小板修護大隊，就岌岌可危囉！

「千萬別看輕自己，你們的重要無人能比！」巴市長不停的提醒血小板修護大隊「要知道自己是與眾不同的」，希望大夥兒重拾信心。不過，血小板修護大隊還是認為自己很卑微。

「緊急情況！耳朵雷達站附近的皮膚保護牆發生破裂，請血小板修護大隊儘速前往處理！」大腦市政府向血小板修護大隊下達一道緊急命令。

雖然士氣低落，但接到命令後，血小板修護大隊的工作人員仍然在最短的時間內，整裝前往事發地點。通常，運河血管破裂時，血小板修護大隊會在極短時間內，招聚鈣離子和一系列凝血因子，加上纖維蛋白，形成堅韌的絲網，將血管中的紅血球、白血球纏繞起來，形成血凝塊，堵住破損部位。血凝塊會隨著時間越來越堅硬，破損的部位也會形成新組織，填補血管缺損的部位。

「呼叫血小板修護大隊，右小腿區的微血管小運河發生潰堤，請儘速前往處理。」「進行市容整修工作時，器材使用不慎，造成眼睛觀測站上方的保護牆破損，請儘快前去修補。」接二連三的事件讓血小板修護大隊忙得不可開交，同時也讓市民見識到他們了不起的修補技術。對於血小板修護大隊的表現，市民們給予高度肯定。聽到大家的感謝和讚許，血小板修護大隊工作時更起勁了，低落情緒也似乎一掃而空。

「現在，你們終於知道自己的重要性了吧！」巴市長對於修護大隊的工作人員找回自信，感到相當欣慰，「認清、肯定自己的優點，才是最重要的！」

誰說個子小、沒有英勇事蹟不起眼，其實，就算只是小小兵，大展身手時也會令人刮目相看呢！

巴第市旅遊指南

血小板修護大隊的工作效率真是太棒了，請問可以帶一些回家嗎？

對不起！血小板修護大隊是非賣品，我們只願意在其他人體城市有危急的情況下，提供部分做為協助！

能帶回、購買的物品

1 血小板可愛公仔

2 血小板工作手冊

3 血小板工作時的英勇照片

親愛的巴市長：
您好！我是因跌倒受傷的小月，請問為什麼受傷流血對身體會有影響？身體有什麼防止血流不止的好方法嗎？

小月：

你可千萬不能小看受傷流血這件事，如果流失大量血液，會對生命造成威脅喔！因為血管要運送氧氣和養分，必須靠足夠的血流量。而血流量要夠，則必須靠充足的血液容量和有效率的心臟，才能把血液推送到全身。一般來說，我們人體的血液容量大約是體重的 8%，成年男人全身有 5 到 6 公升的血液，女人則有 4 到 5 公升的血液。

正常情況下，心臟每分鐘要推送 5 公升左右的血液到全身，才能產生血液循環的效果。心臟推送血液，對血管產生的力量，就是所謂的「血壓」。如果心臟衰竭、血管阻塞、因藥物發生過敏性休克，或敗血症等造成血液流量不足，血壓和血流下降到某個程度時，氧氣和養分便到不了我們身體的器官，就會導致缺血及缺氧。

「失血」是造成血壓及血流不足的常見原因。所以，如果身體流血時，必須立即止血，而體內的血小板和一系列的凝血因子就是主要的止血幫手。

日常生活中小心行事，才能保護好身體，健康快樂的生活喔！

每天小心不受傷的巴市長　敬上

第七章

姊妹市的募款活動

神經系統

值日醫生：徐明洸叔叔

「號外！號外！」

一則從姊妹市傳來的消息，震驚了整座巴第市：「姊妹市最近準備向其他人體城市積極募款！」「怎麼會這樣？難道出了什麼狀況？」不尋常的募款活動，讓巴市長相當擔憂。基於兩市友好情誼，姊妹市發生任何困難，巴第市都不能袖手旁觀啊！

經過旁敲側擊調查後，巴市長終於知道了募款事件的真相。原來，最近姊妹市的市區範圍擴增不少，姊妹市市長擔心全區的通訊網「神經系統」無法配合擴大訊息傳送的範圍，所以才打算募款籌建新的通訊系統。

「哎呀！你瞎操心了！」面對姊妹市市長的憂慮，巴市長真是又好氣又好笑。「只要保護好神經通訊網，無論城市面積怎麼擴張，傳送訊息的功能還是嚇嚇叫的！」

為了確實掌握人體城市各區的最新動態，每座人體城市都有強大的神經通訊網。它能以最快每秒 100 公尺的速度傳遞訊息，除了接收外界資訊，也傳送訊息，以協助各器官部門能夠協調運作。

神經通訊網包含兩大通訊網路，一個是「中樞神經系統」，另一個是「周邊神經系統」。中樞神經系統由大腦市政府和脊髓訊息中心共同負責，專門接收和整合周邊神經系統從城市四周取得的資訊，協調全市各部門的運作。

聽了巴市長的建議後，姊妹市市長決定打消研發新通訊網的念頭，不過，有人不認同巴市長的看法。「神經通訊網真的這麼棒？難道都不會出差錯嗎？」在好奇心的驅使下，有人想測試看看神經通訊網的功能。

「緊急報告！有不明物體在巴第市東南方的皮膚保護牆上爬行，請儘快處理！」幾乎是同步的速度，當不明物體出沒時，神經通訊網已經把最新訊息傳到了大腦市政府。

「眼睛觀測站請即刻查明是什麼東西，必要時請右側手臂區執行驅離動作。」應變的指令也在極短時間內下達完畢。

周邊神經系統有兩個工作單位，一個是感覺神經系統，另

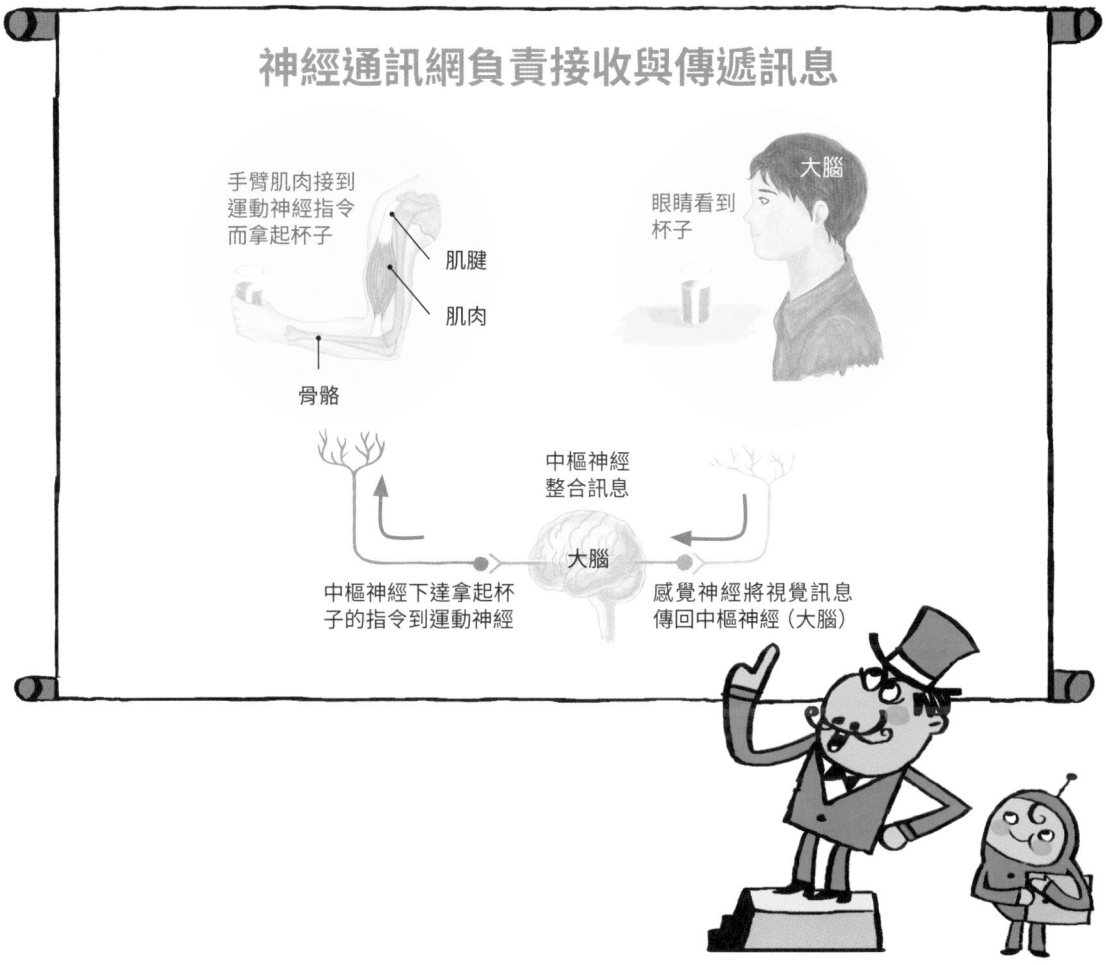

一個是運動神經系統。感覺神經系統接收到外界的資訊後，會立刻傳遞到中樞神經系統。當中樞神經系統接收到這些訊息後，會非常快速的進行判斷和整理，之後再發出指令，透過運動神經系統傳遞到各個器官部門，執行各種應變行動。

透過神經通訊網不漏接任何訊息的情況下，出現在皮膚保護牆的不明物體在極短時間內就被處理完畢。

「看來，巴市長所言不假！」有意測試神經通訊網的人，對於巴第市如同閃電般的反應力也不得不甘拜下風。

雖然人體城市各種訊息的互通有無全得仰賴神經通訊網，不過，通訊網的工作人員卻一點也不驕傲。因為他們知道，如果少了器官部門的通力合作，再好再快的訊息，也無法成為具體有用的行動。只有團結一條心，所有的任務才能順利執行呢！

當然囉！巴第市有引以為傲的神經系統，對任何風吹草動都瞭若指掌，千萬別以身試法，存著僥倖的心態。

在巴第市做任何違法的事都會被發現嗎？

不允許行為

1 在皮膚上拔毛

2 在皮膚上刻字

3 在皮膚塗抹物品

不法行為藏不了！ Happy Body Go Go Go

親愛的巴市長：
您好！我是神經大條的阿吉，大家都說我反應慢半拍，請問，我的神經系統是不是協調不順暢，才會這樣呢？

神經大條的阿吉：

你想知道神經系統是不是協調，得先了解人體神經系統的三種主要功能。第一種功能是將外界或體內發生的變化「感覺」出來，然後把這變化的訊息傳到中樞神經「腦或脊髓」。第二種功能是中樞神經把傳進來的訊息整理之後，做出判斷，並決定下一步怎麼因應。第三種功能是運動神經系統接收到中樞神經的因應指令後，再將動作指令傳到器官，做出反應。這三種功能在 1 天（即 24 小時）之內不停的運作，而且隨時相互協調。

例如，當我們看到桌子上有一杯水（這時是由「感覺神經」將訊息傳遞到「中樞神經」），然後大腦告訴我們要喝水（這是由「中樞神經」整合訊息、判斷、做決定），接著我們就會拿起水杯喝水（這時是動作指令傳到了「運動器官」，產生動作）。如果這三種功能相互協調，完成動作，神經系統應該就沒什麼大問題囉！

其實，反應慢半拍也沒什麼不好，「欲速則不達」，事件圓滿解決，比速度更重要喔！

偶爾也神經大條的巴市長　敬上

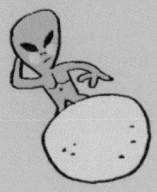

第八章

城市觀察報告

肌肉與運動

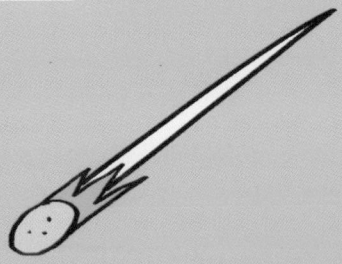

值日醫生：徐明洸叔叔

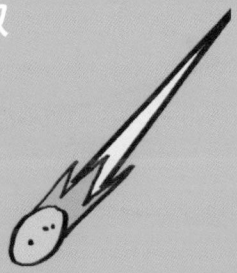

巴市長最近有一個新身分，那就是「人體城市觀察員」。他針對每個人體城市的近況，提出觀察報告，以激勵和促進彼此間的良性競爭。「不少人體城市積極的加強『肌肉彈性防護體』的強韌性，此舉值得其他人體城市留意和學習。」巴市長在最近報告中，記載了關於肌肉彈性防護體的觀察內容。

肌肉彈性防護體是人體城市成型的重要組織之一，它負責支撐和保護器官部門，並可協助城市強化機動力。肌肉彈性防護體分布在人體城市不同的部門中。

位於心臟能源傳送中心的肌肉彈性防護體，稱為「心肌」，運作不受大腦市政府的指揮。其他多數器官部門（如「胃食物加工廠」）的彈性防護體，稱為「平滑肌」，也不受大腦的指令控制。唯一聽從大腦市政府指令的是位於骨骼的「骨骼肌」，又稱為隨意肌。

巴市長的觀察報告一出爐，就引起熱烈的討論，連姊妹市市長都來電詢問，該怎麼做才能加強肌肉彈性防護體的強韌度。「想要加強肌肉彈性防護體，唯一的法門就是不停的鍛鍊。」巴市長以巴

第市的自身經驗和觀察報告，向姊妹市市長提出建議。

在巴市長報告的激勵下，許多人體城市都陷入了瘋狂的訓練活動。不過，鍛鍊計畫執行不久，就陸續傳出其他人體城市的肌肉彈性防護體出現異常情況，最後，連姊妹市都請求協助。

「肌肉彈性防護體無法像平日正常運作，請儘快提供解決方案！」姊妹市的求救訊息中，充滿了擔憂和恐懼的情緒。

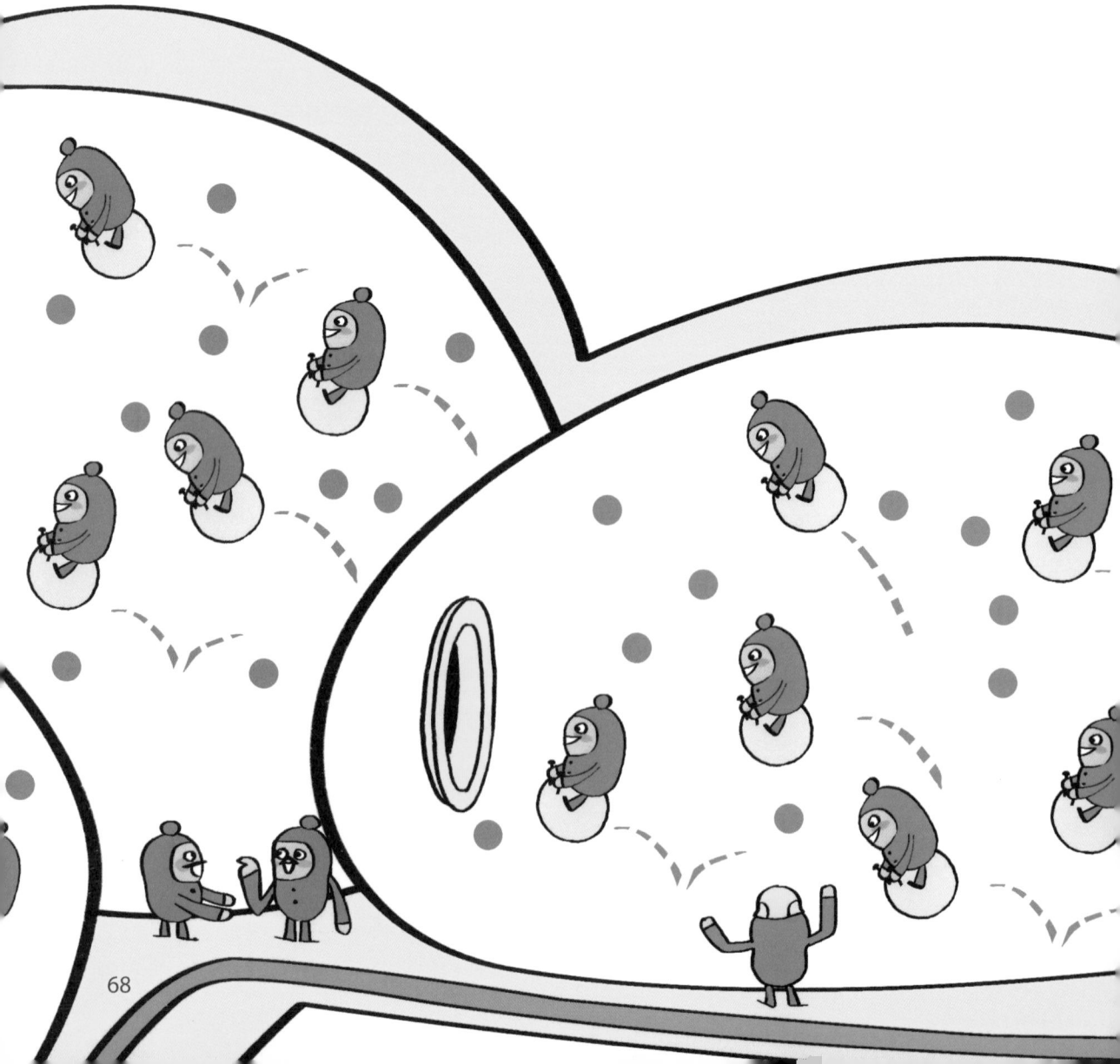

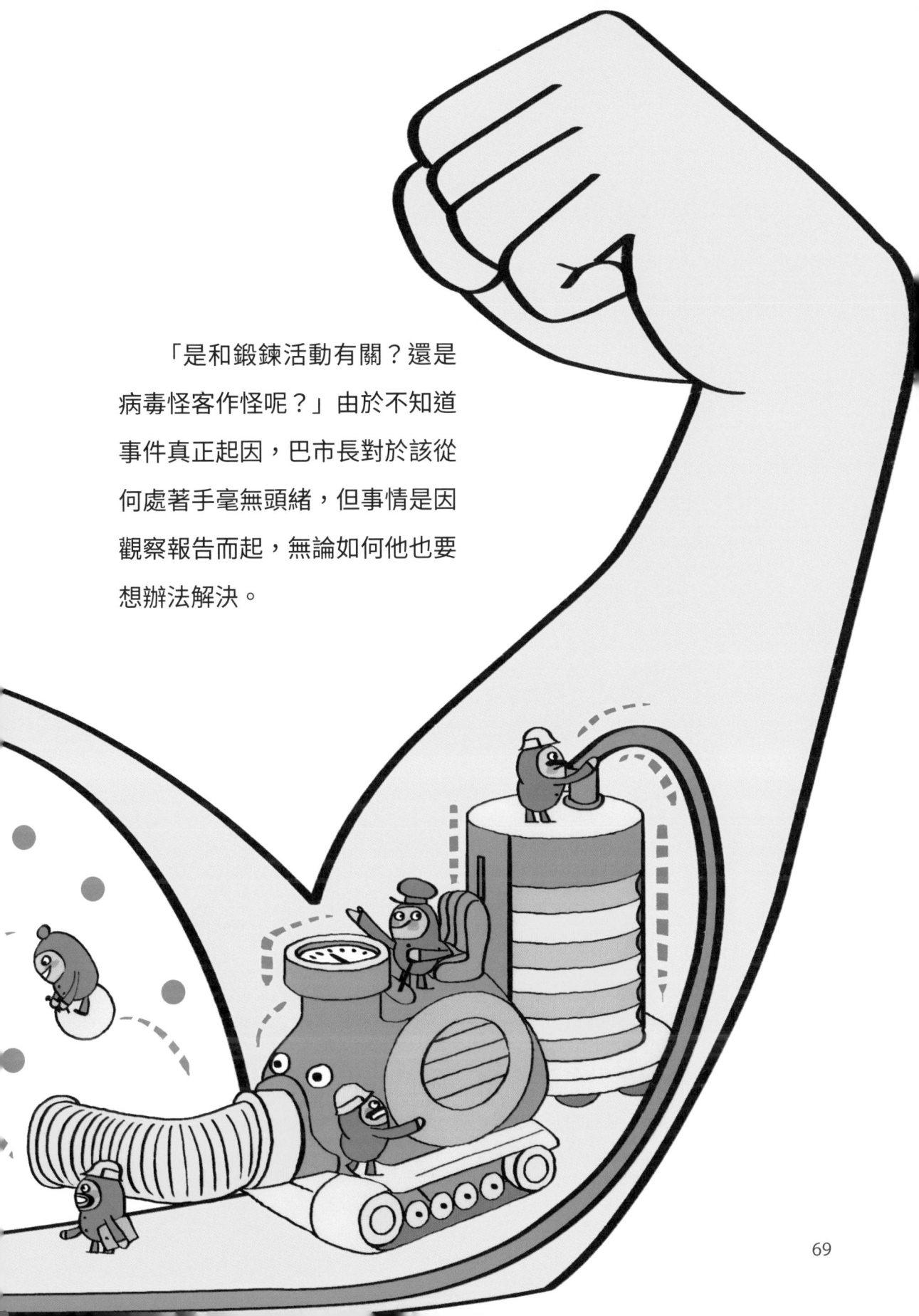

「是和鍛鍊活動有關？還是病毒怪客作怪呢？」由於不知道事件真正起因，巴市長對於該從何處著手毫無頭緒，但事情是因觀察報告而起，無論如何他也要想辦法解決。

於是，巴市長指派阿強祕書進行全盤了解，等弄清楚事件始末，再擬定策略。

「市長，異常反應幾乎都是在劇烈的鍛鍊活動後出現。」阿強祕書調查後，發現了一個重要的關鍵點。

「嗯……我的推斷果然沒錯！」原來，肌肉彈性防護體的異常情況，和先前突如其來的過度操練有關，這跟巴市長之前的推測不謀而合。

肌肉彈性防護體要有充足的能量，才能運作，而能量的主要來源，全仰賴氧氣。通常，肌肉彈性防護體越賣力工作，需要的氧氣就越多，一旦氧氣無法即時充分供應時，運作就會出現異常。不過，只要暫停一段時間運作，一切就會恢復正常。

為了彌補這次的失誤，巴市長連夜趕了一篇新文章，內容是教導正確鍛鍊肌肉彈性防護體的方法。同時，他也呼籲大家不要因為一時挫敗，就打退堂鼓，只要有恆心和毅力，所有的辛勞都會得到回報。

聽說肌肉彈性防護體是熱門的拍照景點，真的嗎？

呵……完全正確！肌肉彈性防護體能成為熱門景點，是因為訓練前後拍出來的景色大不同！

1 運動強身——強韌的肌肉

2 不運動——鬆垮的肌肉

親愛的巴市長：
您好！我是運動力超弱的小丸，每回跑步後，我都會肌肉痠痛，請問，是不是我的腳力太差，才會這樣？

小丸：

別緊張，激烈運動後會有肌肉痠痛的情況，這是正常的現象。運動需要消耗身體的能量，不同的運動，身體消耗的能量來源也不同喔！當我們進行緩和的運動時，會先消耗肌肉內現有的基本能量。這些能量大約可以供給 4 到 6 秒的肌肉運動。如果運動時間加長，身體就會進一步用到肌肉細胞裡的能量，以應付繼續運動的需要。這些能量基本上可以供給 10 到 15 秒的肌肉運動，像是應付跑百米等。

但是，如果我們進行 600 公尺賽跑，肌肉內的現有能量早已經用完了，加上運動量太大，使得肌肉腫脹而壓迫血管，造成攜帶氧氣的血液供給量不足。這時，肌肉內便會缺乏氧氣，而以無氧狀態產生能量，於是就會產生大量的「乳酸」了。當乳酸在肌肉細胞中大量堆積時，我們便會感到肌肉痠痛。

如果我們經常運動，肌肉會變大，力量也會更強。通常肌肉附近的微血管也會增加，以提供更多的氧氣來源，肌肉也就比較不會疲勞、痠痛。但是，如果我們不常運動，肌肉就會萎縮，力氣也會變得更弱喔！

如果想要脫離「肉腳」的行列，請從現在開始，每天持之以恆的鍛鍊你的腳力吧！

勇腳的巴市長　敬上

第九章

歡樂猜謎大會

骨骼的數量

值日醫生：徐明洸叔叔

我猜！我猜！我猜猜猜！

領導功力一流的巴市長，為了讓巴第市成為溝通無礙的城市，絞盡腦汁設計了不少新奇的活動。最近，頗受歡迎的活動就是「每日一謎」，在歡樂的猜謎氣氛下，無論是市政內容，還是器官部門的功能，全都完整、透明的呈現。

「重重保護攻不破，心肝寶貝超放心！」這則謎題困擾了大夥

兒好幾天。「是眼睛觀測站嗎？還是心臟能源傳送中心？」幾乎所有的器官部門都快被猜遍了，正確解答還是沒出現。最後，拗不過市民們的請求，巴市長只好破例公布答案：「各位，謎底就是支撐巴第市的鋼骨，名為『骨骼』！」。

一座人體城市擁有 206 塊骨骼。這些骨骼是巴第市得以成形的重要關鍵，如果少了他們，將會像軟趴趴的棉花糖一樣。骨骼除了負有支撐整座人體城市的任務，還肩負保護器官部門的責任，像是

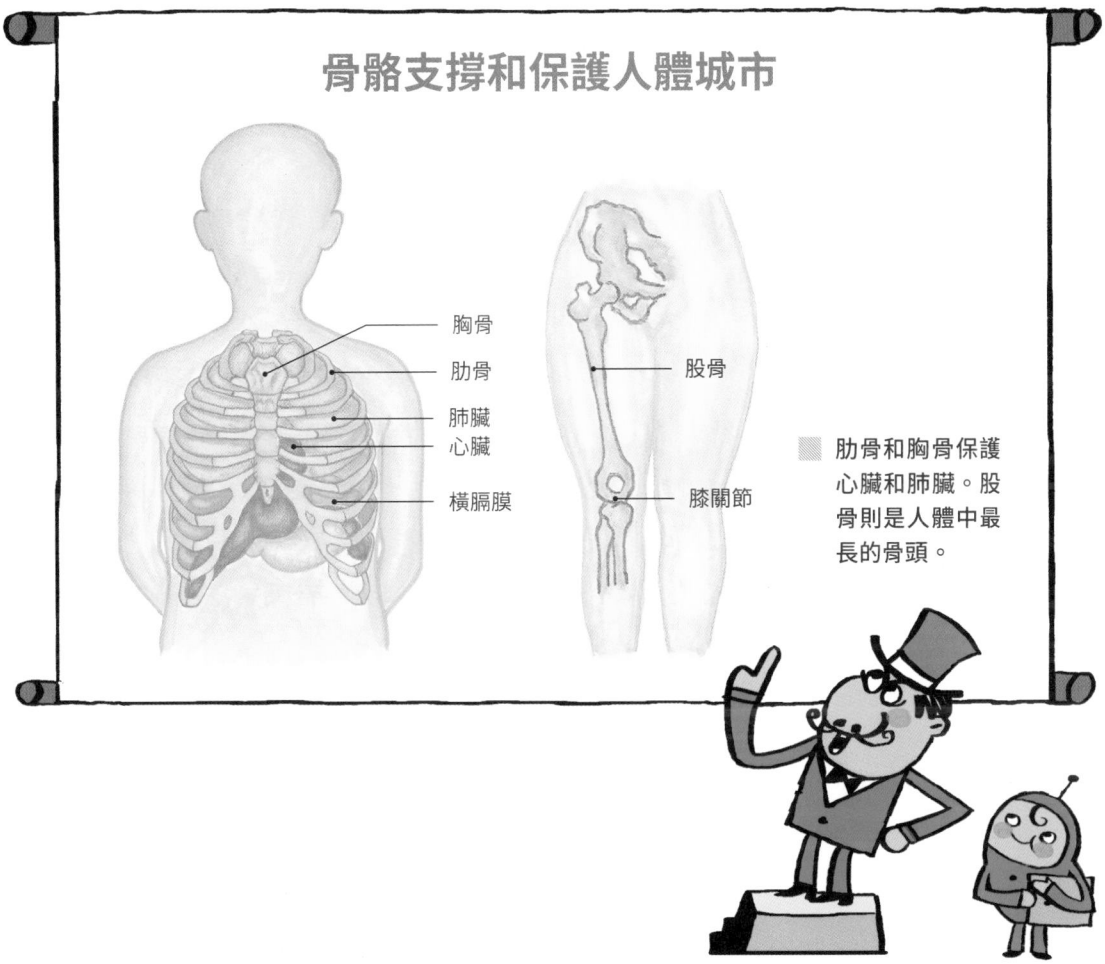

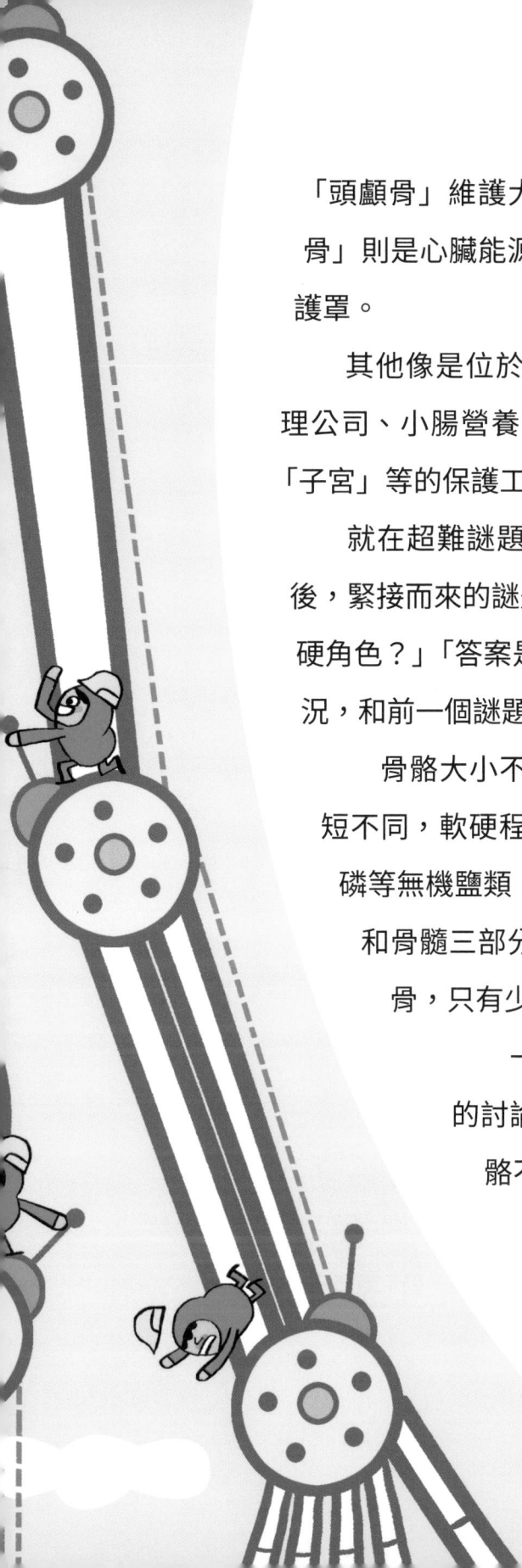

「頭顱骨」維護大腦市政府的安全，「肋骨」和「胸骨」則是心臟能源傳送中心和肺臟空氣處理中心的防護罩。

其他像是位於骨盆腔的骨骼，則擔任大腸廚餘處理公司、小腸營養物流中心，以及衛星城市培育中心「子宮」等的保護工作。

就在超難謎題揭曉，大家對於骨骼有進一步認識後，緊接而來的謎題，簡直就是送分題。「一枝獨秀的硬角色？」「答案是『股骨』！」市民們踴躍回答的情況，和前一個謎題截然不同。

骨骼大小不一，其中最長的就是股骨。除了長短不同，軟硬程度也不同。骨骼主要的成分是鈣、磷等無機鹽類，構造由外而內，分別為骨膜、骨質和骨髓三部分。幾乎大部分的骨骼都是堅硬的硬骨，只有少部分是軟骨。

一連串針對骨骼的謎題，引起市民們的討論和興趣，有人著手認真研究每個骨骼不同之處，有人詳細調查巴第市各處的骨骼，沒想到，就在一窩蜂的「骨骼」熱潮下，居然有了驚人的發現。

「什麼？人體城市興建之初，骨頭有 300 多塊？」「現在巴第市只有 206 塊？難道是遭小偷嗎？」新的發現在巴第市造成不少紛擾，市民紛紛要求巴市長儘快徹查是不是有竊賊入侵巴第市。

「沒有小偷，全都是誤會一場！」巴市長除了安撫市民的情緒，也決定攤開真相，避免以訛傳訛，造成市民的恐慌。

人體城市在剛建構完成時，的確有超過 300 塊的骨骼；但是，隨著建設逐漸成熟完工，部分骨骼會黏合在一起，最後只剩下 206 塊。

市民沒想到骨骼就像神奇的魔術師，數量會由多變少呢！「原來，其中藏了這麼多的學問和奧祕！」巴第市令人驚奇的建設，再一次使人大開眼界。市民們除了讚嘆外，也深信能在這座了不起的城市裡生活，真是最大的幸福！

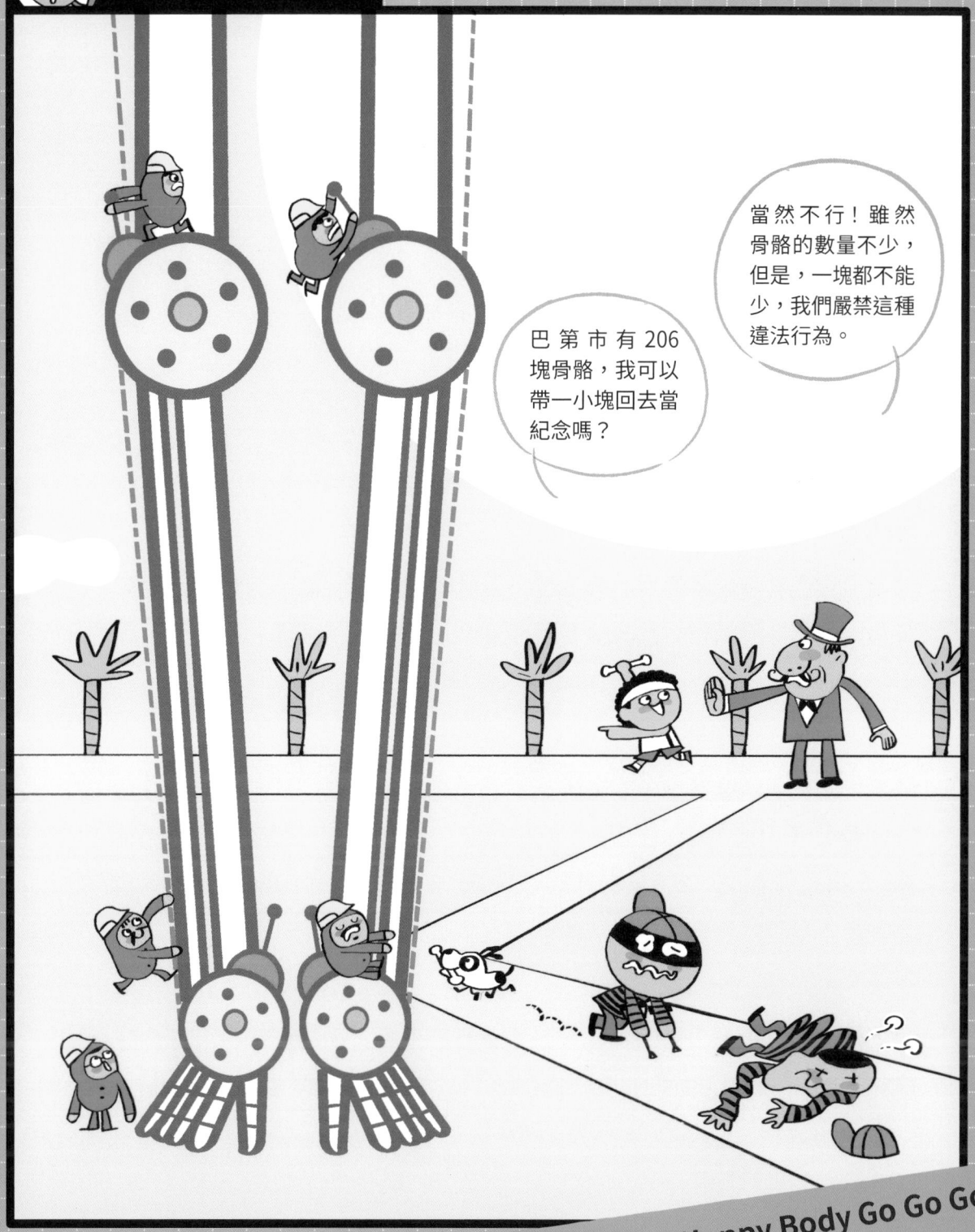

非禮勿拿　千萬別違法！Happy Body Go Go Go

親愛的巴市長：
您好！我的阿勇，只要天氣一變，我的阿嬤總會嚷著關節痠痛，請問，為什麼會這樣？是因為變老的關係嗎？

阿勇：

你真是孝順的好孫子，要知道阿嬤的關節為什麼會痠痛，得先了解骨骼。人體的骨骼除了支撐身體和保護主要器官，位於手和腳的長骨還負責身體的移動。

當我們在運動時，是靠著肌肉收縮，帶動骨頭移動。為了能讓我們的身體靈活做出各種動作，在骨頭和骨頭的交接處則有「關節」來幫忙。例如，因為有「膝關節」，我們才能蹲或是跳。

手腳的關節主要是由長骨末端、交界面軟骨、韌帶和關節滑液囊所組成，如果長期過度使用，或是因為生病而造成滑液囊和軟骨受損，身體移動時就會引起疼痛。有時，我們會聽到人們說「天氣變，關節就會痛」，這是因為冷天時，人的體溫會降低，使得關節的血液循環不佳，加上軟骨一旦受傷不容易復原，滑液囊也失去緩衝的功能，於是，關節就容易痠痛了。

關節疼痛可不是老人家的專利，如果不好好愛護，你的關節也可能會變成氣象臺——天冷它先知！

努力不讓關節受傷的巴市長　敬上

第十章

怪客入侵大作戰

淋巴系統

值日醫生：徐明洸叔叔

消聲匿跡好一段時日的細菌怪客，最近動作頻繁。不同於以往的零星攻擊，這回他們不僅召開事前會議，更擬定作戰計畫，「這次，我們絕對要雪恥，把人體城市搞得天翻地覆。」細菌怪客個個摩拳擦掌，準備隨時開戰。

衝——衝——衝。攻擊行動全面展開，有些人體城市因為疏忽，受到嚴重破壞，巴第市在驍勇善戰的白血球警察

滴水不漏的防護下，入侵的細菌怪客全軍覆沒。對於市內嚴密的防禦系統，巴市長表現得信心滿滿。

「我不相信沒辦法突破巴第市的防線。」細菌怪客不甘心的說，絕不因一點小挫折而被擊倒。「我看我們就派出破壞力更強、殺傷力指數更高的細菌怪客吧！」經過精挑細選後，曾經成功襲擊巴第市「淋巴結防哨站」的細菌怪客，脫穎而出。

淋巴系統和血液系統一樣，都是人體城市的運輸系統。淋巴系統的工作編制包括了：淋巴結防哨站、扁桃腺守衛隊，以及淋巴球警察。

當細菌怪客入侵人體城市時，淋巴球警察就會挺身而出，奮力作戰。但是，如果對手實力堅強，淋巴結防哨站就會被攻陷。

雖然上回細菌怪客無功而返，但是，巴市長也不敢掉以輕心，除了要求白血球警察加強巡邏外，還將細菌怪客可能出沒的各個入口，例如口腔食物進口中心、鼻腔空氣檢查哨等都列成了警戒重點區域。

「絕對不能讓細菌怪客有捲土重來的機會！」巴市長心想。不過，在巴第市草木皆兵的情況下，細菌怪客也正祕密籌畫第二回的攻擊。

「開戰！」一聲令下，第二波攻擊行動正式發動！細菌怪客對這次行動信心十足，憑藉著之前輝煌的紀錄，這次攻勢更為猛烈。原本以為這回行動萬無一失，不料，幾個回合對戰後，細菌怪客依然慘敗。「這怎麼可能？」細菌怪客無法置信，澈底檢討原因後，找出了落敗的關鍵。

原來，針對曾經入侵巴第市的特定細菌怪客，淋巴球警察會將之前交手的防禦方式，詳細記錄在檔案中，並製造出對抗這種細菌怪客的武器「抗體」。等被鎖定的細菌怪客再度入侵時，淋巴球警察就可不費吹灰之力，火速將他們解決。

攻擊行動再次受挫，重重打擊細菌怪客的信心，人體城市如同銅牆鐵壁般的防禦系統，讓人大開眼界。「一定有成功襲擊的方法！」細菌怪客決定從長計議，繼續策畫下回的攻擊計畫。

接二連三的抗敵行動，讓巴第市的市民們消耗不少精力，不過，這和保衛家園比起來，根本不算什麼。面對細菌怪客的大反擊，這一戰打得漂亮，但大夥兒都知道，攻擊的行動還沒畫上句點，只有萬全的準備，才能繼續過著幸福安全的生活！

淋巴球退敵祕招

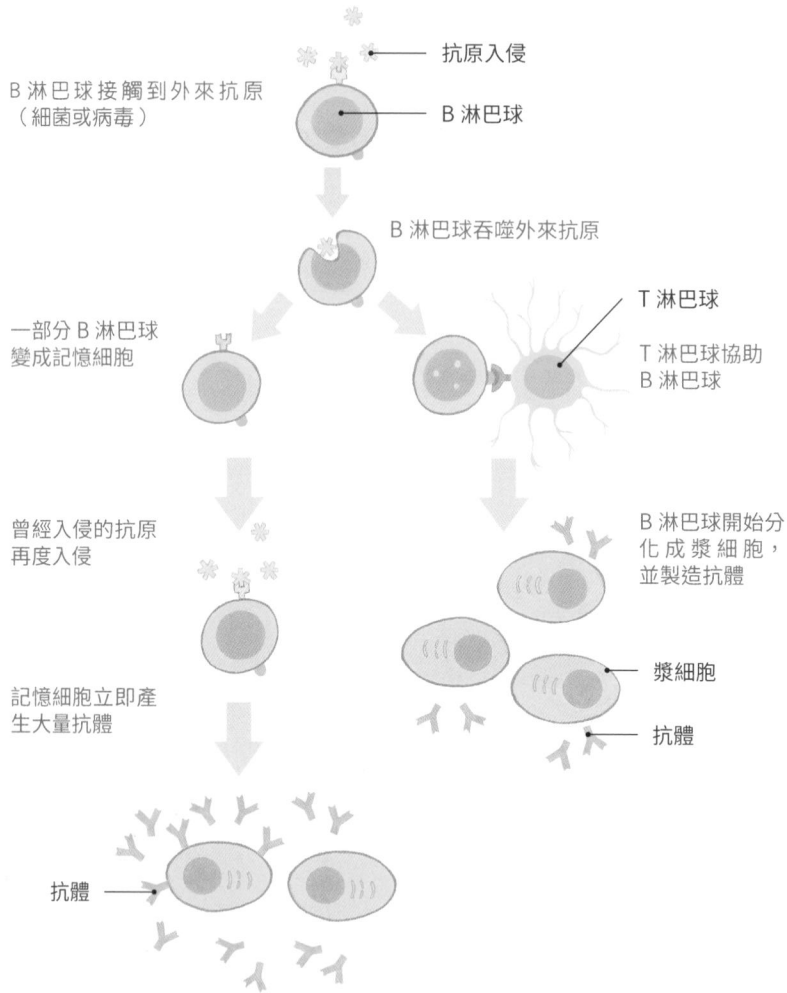
抗原入侵
B 淋巴球接觸到外來抗原（細菌或病毒）
B 淋巴球
B 淋巴球吞噬外來抗原
T 淋巴球
一部分 B 淋巴球變成記憶細胞
T 淋巴球協助 B 淋巴球
曾經入侵的抗原再度入侵
B 淋巴球開始分化成漿細胞，並製造抗體
漿細胞
記憶細胞立即產生大量抗體
抗體
抗體

不做討厭鬼　皆大歡喜！Happy Body Go Go Go

親愛的巴市長：
您好！我是喜歡追根究柢的阿福，請問，人體的淋巴球為什麼這麼厲害，它們是不是有什麼對付病毒的好方法？

阿福：

你的猜測一點都沒錯喔！人體內的淋巴球，主要分為「B 淋巴球」和「T 淋巴球」兩種。B 淋巴球負責製造抗體，吞噬入侵的細菌或外來的病毒（又稱為抗原）。T 淋巴球則負責破壞體內不正常的細胞，例如被病毒或細菌感染的細胞、癌細胞等。有時經由輸血或是器官移植而來的外來細胞，淋巴球也會把它們當成敵人，破壞它們。

一般來說，B 淋巴球接觸抗原後 3 到 6 天，人體就會產生抗體，到了第 10 天左右，體內的抗體量會達到最多。其中有一部分淋巴球會記得曾經被抗原刺激的「經驗」，因此又名為「記憶細胞」。當記憶細胞下次再遇到同樣的抗原時，就會立即啟動細胞複製和分化，在 2 到 3 天內，快速產生大量抗體。

疫苗就是利用記憶細胞的這種特性來製作的。方法是減低活病毒（細菌）的毒性，或利用死病毒（細菌）製成疫苗，注射到人體裡，讓人體先記得這些病毒（細菌）的特徵，等到下次真的有病毒（細菌）入侵，人體就可以快速產生抗體來消滅它們，預防疾病了。

所以，淋巴球的退敵祕招就是記住敵人特徵，知己知彼才能百戰百勝喔！

也擁有不少退敵妙招的巴市長　敬上

第十一章

巴第市的誕生

細胞的各種類型

值日醫生：徐明洸叔叔

「什麼？我？」當阿強祕書聽到巴市長指派他負責市慶籌備工作時，他驚訝得下巴都快掉了下來。

市慶是巴第市的年度大事，所以巴市長特別交待要好好舉辦。「我對你有信心，你絕對是不二人選！」看著巴市長堅定又驕傲的眼神，本來有些猶豫的阿強祕書，只好勉為其難的接受。

行政區花車遊行？扮裝嘉年華？狂歡派對？阿強祕書腦袋裡閃過不少點子，不過，沒一個讓他滿意。「歡樂又有意義？嗯……到底該辦什麼活動呢？」

為了設計別出心裁的市慶活動，阿強祕書絞盡腦汁，也翻閱了不少以前的資料，就在腸枯思竭時，一張歷史照片給了阿強祕書絕佳的點子……

巴第市是人體城市的優良典範，市民們都引以為傲，但大家對於巴第市從無到有的建造、前人篳路藍縷的辛苦，卻一知半解。阿強祕書決定透過這次的市慶活動，讓市民們懂得飲水思源，也珍惜現在得來不易的成就。「找你準沒錯！這個點子棒透了，你快著手

建造人體城市的基本單位

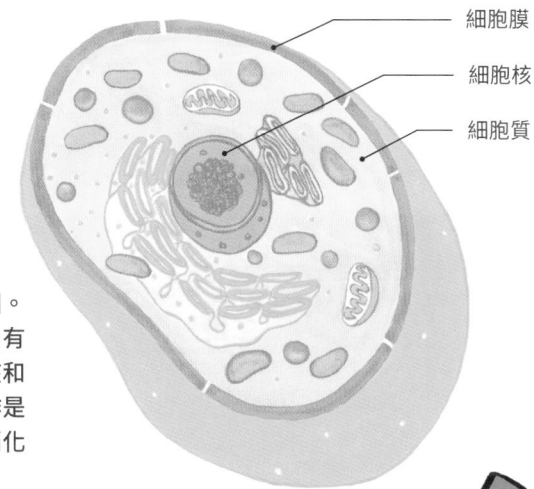

人體細胞的基本構造剖面圖。細胞最外層是細胞膜，膜內有細胞質，細胞質中有細胞核和許多胞器。這些胞器的工作是製造蛋白質、產生能量和消化分解外來有害物質等。

進行吧！」有了巴市長的稱讚，阿強祕書就像吃了定心丸，他要大展身手囉！

如何讓枯燥的發展歷史變得有趣呢？在試了幾種方法後，阿強祕書決定拍攝模擬影片，重現巴第市從無到有的經過。

「細胞」是建造人體城市的基本單位，一座人體城市裡，有非常多的細胞。這些細胞有各自的功能和作用，長相也並非完全一樣，如果沒有它們，任何建設都無法成形。

細胞的構造可分為三個部分，分別是細胞膜、細胞質和細胞核。細胞膜負責保護細胞，具有無數個小通道，以篩選進出的物質，確保細胞的健康和安全。物質通過細胞膜後，進入細胞質，在這裡轉變成細胞能夠運用的材料和能量。細胞核則是細胞的控制中心，在人體城市興建時，它除了維持負責細胞正常運作，還指揮細胞正確分裂成更多細胞。

當市民們從影片中了解巴第市是從一顆小細胞建造起時，都驚訝不已。不過，一顆小小細胞，如何發展成現在分工精細、各司其職的優秀部門呢？

原來，龐大的人體城市是靠細胞分裂出眾多細胞而建構完成的。通常，細胞成熟後就進行分裂，剛分裂的細胞全長得一模一樣，就像是複製品。細胞分裂的速度相當快，短時間內，就能達到驚人的數量。

一段時間後，原本長得一模一樣的細胞，會出現驚人變化。他們不只形狀改變了，連特性和肩負的任務也變得各不相同。有圓圓胖胖的「脂肪細胞」，為人體城市儲存糧食、緩衝外力撞擊；有像甜甜圈形狀的「紅血球細胞」，負責輸送氧氣；也有一束一束可收縮和伸展的「骨骼肌細胞」，協助人體城市執行各項行動。還有，可拉長 1 公尺，像一條長尾巴，以方便快速傳遞指令的「神經元細胞」。在人體城市裡，細胞模樣將近有兩百種類型。

目標相同的細胞會互相團結，共同組成「巴第市」的各個器官部門；功能相同的器官部門則集合在一起，形成各個不同的系統區，巴第市就是在清楚的層層分工下建構而成的。

從小小細胞到分工精細的人體城市「巴第市」，需要花費將近一年的時間，而日復一日，年復一年的運作，也讓巴第市的發展更趨成熟。

今年的市慶，除了有歡樂的氣氛外，還多了感恩的心，見證巴第市的過去，讓許多市民非常感動。原來，巴第市輝煌的成就得來不易，有過去的努力和現在的堅持。巴市長、阿強祕書和市民們都為巴第市許下了生日願望，未來的日子，大家要更用心打拚，努力將巴第市打造成一座更團結合作的人體城市。

建造巴第市的各種細胞

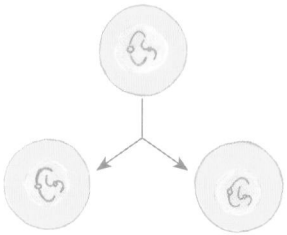

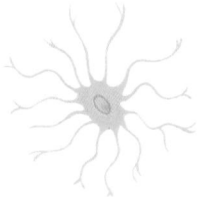

星狀細胞

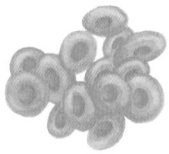

紅血球細胞

細胞成熟後會進行分裂，剛分裂的細胞長得一模一樣（如上圖）但之後就會演變成各種不同形狀和功能的細胞（如右圖）

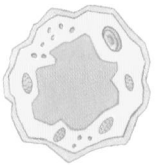

脂肪細胞

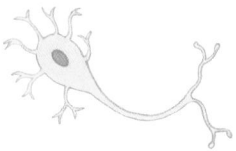

神經元細胞

骨骼肌細胞整齊排列成一束一束，可一起收縮和伸展。

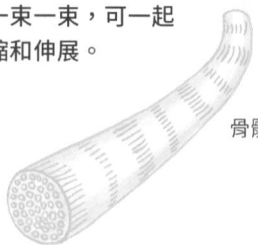

骨骼肌細胞

巴第市真是一座了不起的城市！請問要保持城市的順利運作，有什麼小祕訣嗎？

只要市民營養均衡，常常運動，並保持愉快的心情，工作效率就一級棒喔！

守則謹遵守 健康幸福久！ Happy Body Go Go Go

親愛的巴市長：
您好！我是身材有點微胖的圓仔，老師說，細胞是人體組成的基本單位，請問，是不是因為我身體裡的細胞比較多，所以，身材才比較胖呢？

圓仔：

你的問題很有趣，相信很多身材圓圓、胖胖的人都跟你有相同的疑惑。細胞是身體最基本的單位，人體的五官、四肢、內臟等都是由一個一個細胞所組成，它們就像蓋房子的水泥中的砂粒，雖然細小，但相當重要。不同種類的細胞，大小不同，人體最小的細胞是紅血球，因為它要穿梭在身體各處輸送氧氣。每個紅血球大約是 5 微米，如果 1000 個紅血球排成一排，大約是小朋友的半個小手指大小。

人體的細胞數量到底有多少呢？每個人體內的細胞數量大約有 60 兆個，也就是 6 的後面加 13 個零，這個數字很驚人吧！目前地球人口總數量大約是 60 億，所以，人體細胞的總數量就相當於 10000 倍的地球人口數。

身材比較胖的小朋友，如果吃得超過身體所需，會使脂肪細胞的數目增加，而囤積較多脂肪；加上身體在發育階段，脂肪細胞數目也會因此增加，同時體積變大，等到長大後想要瘦，那可不容易。圓仔，小時候胖，長大後真的會胖喔！

努力維持健康身材的巴市長　敬上

第十二章

最熱門的暢銷書

健康生活的好習慣

值日醫生：徐明洸叔叔

巴市長嘔心瀝血的著作完成了！

領導巴第市一段不算短的時間，整體表現有目共睹，不僅贏得四面八方的掌聲，巴第市更是人體城市中的佼佼者。許多城市都以巴第市為標竿，而巴市長管理市政的經驗更被奉為圭臬。「應該把巴第市的經驗寫成書！」、「獨樂樂不如眾樂樂！」在大家的殷切期盼下，詳細記載巴第市市政點滴的《健康・活力・巴第市》一書終於出版了。

如何讓人體城市有優良表現呢？書中一開頭，巴市長就開宗明義表示，只要送入正確的食物，目標就達到了 50%以上。「大家千萬別小看食物的重要性，送錯食物可說是後患無窮呢！」巴市長以過來人的身分，提出中肯的建議：「五色蔬菜加水果，天天開心不發愁！」

食物是人體城市持續正常運作的重要關鍵，有些供應能量，有些促進新陳代謝，有些則是器官部門成長茁壯的必需品。不同的食物有不同的營養素，人體城市要運作順利，醣類、脂肪、水、蛋白質、礦物質和維生素等營養素，缺一不可。由於它們分布在不同的食物中，如果人體城市只偏好送進某些食物，相當容易造成城市所需的營養物質不均衡，部分器官部門的運作就會受到影響。

《健康・活力・巴第市》一推出，很快就登上暢銷書排行榜的榜首，讀者的來函如雪片般飛來。為了不讓大家失望，巴市長儘可能抽出時間回覆。

「咦？加強人體城市的活力，似乎是大家最感興趣的話題。」看完堆積如山的信件，巴市長歸納出一個重點。

想要建立一個活力充沛的人體城市，除了市民們必須保持愉悅心情外，適度的強化機動力——運動，也相當重要，因為它能加強器官部門運作。此外，市民們如果都能維持正常的起居作息，還能夠減緩城市老化。不同的器官部門，各有適合的訓練活動，不論從

事哪種活動，必須做好事前準備和掌握適量的原則，不然一不小心，會弄巧成拙，造成傷害呢！

「是不是達成健康和活力兩個條件，就能像巴第市一樣呢？」「哈！恐怕還不夠喔！」面對讀者們心急的詢問，巴市長要大家耐住性子，因為在書本後半段，揭露了成功經營巴第市的重要關鍵，那就是定期全市大體檢。

由於部分業務執行得不順暢，或是器官部門異常運作，並不會在第一時間被察覺，因此，只有透過例行檢查，才能及早發現，而且即時掌握黃金治療期，也才能避免釀成無法收拾的局面。許多人體城市為了省麻煩，常常都忽略了這項祕訣。

雖然，巴第市是人體城市中的模範生，但是，巴市長並不以此為滿足；他心裡有個小願望，就是傳承巴第市的經驗，讓各個城市都成為優良城市。他更期盼書裡的小祕訣，能夠具體落實在人體城市的每日生活中，大家共同攜手，一起擁有快樂、幸福的生活！

均衡發展好未來！ Happy Body Go Go Go

親愛的巴市長：
您好！我是想長得像大樹一樣，又高又壯的小揚，請問，我每天吃什麼比較好呢？

小揚：

想達成你的願望，一點都不難，只要你吃對東西。人體必須吸收營養素，才能夠生長發育和維持健康，而營養素的來源就是食物。一般來說，食物中所含的營養素包括：醣類、脂肪、蛋白質、維生素、礦物質和水。依照這些營養素特性，食物又可分為六大類，分別是：全穀根莖類、豆魚肉蛋類、低脂乳品類、蔬菜類、水果類以及油脂與堅果種子類。

全穀根莖類食物如米飯、麵食、馬鈴薯等，提供我們身體所需要的醣類，是熱量產生的主要來源。豆魚肉蛋類食物提供蛋白質、部分脂肪、維生素和礦物質。低脂乳品類食物如牛奶和乳製品，提供蛋白質、醣類、脂肪、鈣質和充足的維生素 B2 等。蔬菜類食物則可提供維生素、礦物質和水分；水果類食物除了提供醣類，也可提供維生素和礦物質。

此外，身體所需要的脂肪，可從動物和植物中攝取。動物性脂肪來源以肉類為主，另外還有魚、蛋、乳品類。植物性脂肪來源則以堅果和植物油為主。特別一提的是，脂肪裡有一種成分，稱為「膽固醇」，是人體細胞組成的重要成分，不能缺少。但是膽固醇如果在體內堆積太多，也容易出現腦部和心臟血管的疾病。

有一句話說：「你怎麼吃，就決定你的健康和身材」，由於吃進去的食物，都會成為人體細胞生長的材料，並且取代毀壞的組織，因此正常均衡的攝取食物，才能吃出健康喔！

健康不偏食的巴市長　敬上

少年知識家

巴第市系列 3：怪客入侵大作戰

作者｜施賢琴、張馨文、羅國盛、徐明洸、林伯儒、蘇大成、吳明修、何子昌、陳羿貞、王莉芳、蔡宜蓉
繪者｜蔡兆倫、黃美玉

責任編輯｜楊琇珊
封面設計｜初雨設計
內頁版型設計｜蕭華
內頁排版｜中原造像股份有限公司
行銷企劃｜李佳樺

天下雜誌群創辦人｜殷允芃
董事長兼執行長｜何琦瑜
媒體暨產品事業群
總經理｜游玉雪
副總經理｜林彥傑
總編輯｜林欣靜
行銷總監｜林育菁
主編｜楊琇珊
版權主任｜何晨瑋、黃微真

出版者｜親子天下股份有限公司
地址｜台北市104建國北路一段96號4樓
電話｜（02）2509-2800　傳真｜（02）2509-2462
網址｜www.parenting.com.tw
讀者服務專線｜（02）2662-0332　週一～週五：09:00~17:30
傳真｜（02）2662-6048　客服信箱｜parenting@cw.com.tw
法律顧問｜台英國際商務法律事務所 ・ 羅明通律師
製版印刷｜中原造像股份有限公司
總經銷｜大和圖書有限公司　電話：（02）8990-2588

出版日期｜2014年10月第一版第一次印行
2024年5月第二版第一次印行
定價｜330元　書號｜BKKKC270P
ISBN｜978-626-305-856-9（平裝）

訂購服務
親子天下Shopping｜shopping.parenting.com.tw
海外 ・ 大量訂購｜parenting@service.cw.com.tw
書香花園｜台北市建國北路二段6巷11號　電話（02）2506-1635
劃撥帳號｜50331356　親子天下股份有限公司

立即購買 >

國家圖書館出版品預行編目(CIP)資料

怪客入侵大作戰：人體城市的交通中心：心臟.神經.肌肉/施賢琴, 張馨文, 羅國盛, 徐明洸, 林伯儒, 蘇大成, 吳明修, 何子昌, 陳羿貞, 王莉芳, 蔡宜蓉作；蔡兆倫, 黃美玉插圖. -- 第二版. -- 臺北市：親子天下股份有限公司, 2024.05
104面；18.5×24.5公分. -- (巴第市系列；3)
ISBN 978-626-305-856-9(平裝)
1.CST: 人體學 2.CST: 醫學 3.CST: 通俗作品
397　113004673